内 容 简 介

　　本书由来自贵州省农业科学院、贵州科学院、贵州省农业农村厅、贵州大学、贵州省养蜂学会等单位和行业协会的10多名科技人员精心编写而成。本书立足实践，放眼未来，力图将国内中蜂发展现状与最新研究成果呈现给读者。全书分4章，由中蜂概述、中蜂安全养殖技术、中蜂病敌害防治技术、蜜粉源植物等内容组成，涉及中蜂养殖的各个环节。本书强调实用性与可操作性，在编写过程中参阅了大量中蜂养殖技术资料，采集拍摄了丰富的图片，力图解决读者在生产实践中可能遇到的各种问题，图文并茂，通俗易懂，可作为养蜂科技工作者、农技推广部门以及养蜂爱好者的理想工具书和培训教材。

中蜂养殖
图文攻略

韦小平　主编

中国农业出版社
农村读物出版社
北京

图书在版编目（CIP）数据

中蜂养殖图文攻略 / 韦小平主编. —— 北京 ：中国农业出版社，2022.8（2024.11重印）
ISBN 978-7-109-29884-2

Ⅰ.①中… Ⅱ.①韦… Ⅲ.①中华蜜蜂-蜜蜂饲养-教材 Ⅳ.①S894.1

中国版本图书馆CIP数据核字（2022）第154354号

中国农业出版社出版
地址：北京市朝阳区麦子店街18号楼
邮编：100125
责任编辑：王森鹤　周晓艳
版式设计：杨　婧　责任校对：吴丽婷
印刷：北京缤索印刷有限公司
版次：2022年8月第1版
印次：2024年11月北京第3次印刷
发行：新华书店北京发行所
开本：880mm×1230mm　1/32
印张：6
字数：160千字
定价：39.80元

编写人员

主　编　韦小平
副主编　任晓晓　刘　曼　黎华君　王森鹤
参　编　万　炜　周文才　贺兴江　李　应
　　　　林　黎　张明华　姚　丹　詹洪平
　　　　于瀛龙　张明华　陈梦玉　范国华
　　　　黄振兴　杨志银
顾　问　徐祖荫

序

　　近年来，随着我国国民经济的发展和人民生活水平的提高，人们的健康意识不断增强，产自山区、半山区的中蜂蜜（又称土蜂蜜）重新回到人们的视野里，故受到市场的追捧和青睐。加上中蜂能充分利用山区零星蜜源，节约饲料成本，病害较少，适于定地或定地加小转地饲养，耗费劳动力不多，使中蜂生产成为我国广大农村地区脱贫致富的好帮手，精准扶贫的好项目，受到各级地方政府和有关部门的重视。

　　为了满足发展中蜂生产和养蜂扶贫的需要，我们经常受邀到各地参加基层养蜂培训，在工作中对基层养蜂生产现状及群众迫切需要解决的问题有了较深的了解。虽然目前各地有不少养蜂书籍，但简明易懂、图文相配，且适合农村养蜂初学者的书籍还是不多。因此，我们特地组织从事养蜂研究的青年学者编写这本书，以满足广大初学者及基层养蜂培训班的需要。

　　本书编写的宗旨就是养蜂的初级教本，其中既要把养蜂有关的知识点和基本功讲清楚，又不能讲太多，繁简得当，够用即止。虽然文字不多，好在能通过图片把文中的意思表达清楚，以便大家学习领会，一看就懂，一学就会。这本书虽然看似简单，但如何精简文字、取舍内容、搭配图片，其实也煞费编写者的一番心血。作为从事科研管理工作几十年的老养蜂工作者，特此向广大养蜂爱好者推荐这本书，期望大家开卷有益，学有所成。并希望读者多多提出宝贵的意见和建议，以期日后继续修改，日臻完善，能最大限度满足广大养蜂爱好者的需要。

此为序。

徐祖荫

2022年7月

中华蜜蜂（简称中蜂）是我国传统饲养的蜜蜂品种，在中华大地上已生息繁衍数千万年，不仅为人们提供蜂蜜、花粉、蜂蜡、蜂毒等珍贵的食品和药品，丰富人类食谱，保障人类身体健康，也为我国主要农作物和经济作物提供授粉服务，促进作物提质增产。此外，中蜂也是我国各种被子植物的主要传粉昆虫，在与当地生态环境相互适应、协同进化的漫长岁月中，中蜂和各子生态系统中数以万计的生物物种形成了相互依存、相互制约的密切关系，对维护地方生态平衡和物种多样性起着至关重要的作用。

然而，自20世纪二三十年代西方蜜蜂（简称西蜂）的大量引入以来，我国当家蜂种种群数量下降，分布区域日渐缩减。所幸的是，自2007年国家现代蜂产业技术体系成立后，有力地推动了中蜂的发展保护与研究推广，其相应的饲养管理技术也有了很大的进步。加之社会经济的快速发展，脱贫攻坚与环保政策的长期实施，人们对食品安全与营养健康意识的不断提升，都催生了中蜂产业的发展和创新，中蜂及其蜂产品也重新受到市场的青睐，中蜂健康、规范的养殖技术也备受关注。

　　本书应中国农业出版社之邀，由长期从事蜜蜂研究的专家徐祖荫老师指导，在他长达四十年的养蜂生产和试验示范的基础上，结合贵州省近年来的研究所得，融合我国蜂业界多位专家的文献资料编写而成。本书写作的宗旨是针对初学者的入门级读本，力求技术全面、实用，针对性、可操作性强，文字简明扼要，配图生动准确，使读者一看就懂，一学就会，为巩固脱贫攻坚成果、助力乡村振兴提供技术支撑。

　　本书在撰写和出版过程中，得到贵州省养蜂学会、贵州科学院、贵州省农业科学院、贵州大学动物科学学院等相关单位的大力支持，徐祖荫老师对全书的设计、编写、图片采集等方面倾注了许多心血，并亲自修改诸多章节，提供了许多珍贵资料；贵州南山花海中蜂养殖场息烽基地、林琴文、谢江等提供实验场地，在此谨对以上单位和个人致以衷心的感谢！

韦小平

2022年6月

目录

序
前言

第一章 中蜂概述 >>

第一节 中蜂的分类

蜜蜂在分类学上属节肢动物门、昆虫纲、膜翅目、蜜蜂科、蜜蜂属。蜜蜂属是蜜蜂总科中进化得最为完善的一个属，下有9个种，即黑小蜜蜂、小蜜蜂、黑大蜜蜂、大蜜蜂、沙巴蜂、绿努蜂、苏拉威西蜂、东方蜜蜂和西方蜜蜂（吴杰，2012）。分布在我国境内的东方蜜蜂，统称为中华蜜蜂，又称中蜂或土蜂。按照中蜂的分布与其生物学特性，我国中蜂按不同的分布地区共分为9个生态类型，即北方中蜂、华南中蜂、华中中蜂、云贵高原中蜂、长白山中蜂、海南中蜂、阿坝中蜂、滇南中蜂和西藏中蜂（《中国畜禽遗传资源志·蜜蜂志》，2011，图1-1；《中蜂饲养实战宝典》，2015，图1-2）。

图1-1 《中国畜禽遗传资源志·蜜蜂志》

图1-2 《中蜂饲养实战宝典》

中蜂在中华大地上已经生息繁衍数千万年，是我国传统饲养的重要蜂种，也是我国各种被子植物的主要传粉昆虫。千万年来，在与各地地形、气候、蜜源相互适应的过程中，中蜂不仅为人们提供蜂蜜、花粉、蜂蜡、蜂毒等珍贵的食品和药品，也为我国主要农作物和经济作物提供授粉服务，成为它们的红娘和月下老人，促进农作物提质增产。此外，在与当地生态环境相互适应、协同进化的漫长岁月中，中蜂也与我国各地生态系统中数以万计的生物物种形成了相互依存、相互制约的密切关系，对维护地方生态平衡和物种多样性起着至关重要的作用（图1-3、图1-4）。

图1-3　蜜蜂为油菜授粉　　　　　图1-4　蜜蜂为苹果授粉

第二节　中蜂的主要生物学特性

一、中蜂的群体组成

中蜂是社会性昆虫，以群为单位，群体内部形成组织，成员之间有明确的分工，任何一只蜂都不可能长时间地离开群体而单独生存。一般情况下，正常蜂群中有一只蜂王、数千至数万只工蜂，几十至数百只雄蜂（繁殖季节）。蜂王、工蜂和雄蜂总称为三型蜂（图1-5）。

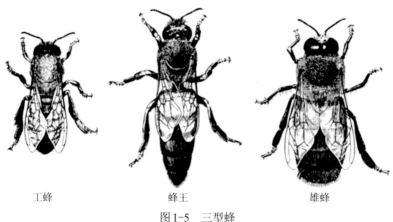

工蜂　　　　　　　蜂王　　　　　　　雄蜂

图1-5　三型蜂

（引自Kauffeld，1980）

　　三型蜂的生长发育都要经过卵、虫、蛹和成虫4个阶段，但是它们的发育时间各不相同，详见表1-1。

表1-1　中蜂三型蜂各阶段发育时间

三型蜂	发育时间（天）			
	卵期	未封盖幼虫期	封盖期	出房期
蜂　王	3	5	8	16
工　蜂	3	6	11	20
雄　蜂	3	7	13	23

（一）蜂王

　　蜂王是一群蜂共同的母亲，由上一代蜂王产在王台（垂直于地面，较工蜂巢房大，图1-6、图1-7）内的受精卵发育而成。蜂王是蜜蜂品种种性的载体，以其分泌蜂王物质和产卵量来控制蜂群，如果没有蜂王，蜂群内就没有后代，随着老蜂逐渐死亡，蜂群最终会灭亡。

　　蜂王是蜂群内唯一生殖器官发育完全的雌蜂，其专职任务就是产

图1-6 自然王台（红色方框内）

图1-7 人工培育王台

卵。一般蜂王体重是工蜂的2～3倍，中蜂蜂王体长18～22毫米，体重约250毫克。蜂王刚出房未进行交配前，称为"处女王"（图1-8）。

图1-8 处女王，尾部短，体色较浅

图1-9 交尾三部曲

处女王3日龄性成熟，出房6～9天，气温高于20℃、晴朗无风的天气，大多在下午1—5时飞出巢外进行婚飞，与雄蜂交配，交配地点大多在蜂场半径2～5千米的范围内、15～30米的高空。每只处女王可与数只雄蜂交配（交尾），交配可在一天或几天内完成（图1-9）。

交配后的蜂王腹部逐渐膨大，行动稍缓，翅膀短而窄，只能盖住其腹部的1/2～2/3。开箱检查处女王交尾情况，蜂王通常在交配后2天左右开始产卵。据统计，中蜂蜂王一昼夜可产卵800～1 000粒，每天产卵的重量相当于蜂王本身重量的1～2倍（吴杰，2012）。一只质量较好的蜂王，每年有效产卵量约14万粒，仅为意大利蜜蜂（简称意蜂，是我国引进饲养的西方蜜蜂）蜂王的1/2～2/3（图1-10）。

图1-10　交尾成功的蜂王，翅膀盖住其腹部1/2

一般蜂王的自然寿命可达5～6年，但有效产卵期为1年，之后蜂王产卵能力明显下降。中蜂蜂王衰老比意蜂蜂王快，产卵盛期也较短，仅为8～12个月。因此，在养蜂生产过程中，为维持强群，获得较好的生产效益，最好能每年更换1～2次蜂王。

当蜂群生长到一定程度，有大量的幼蜂积累，就准备进行群体繁殖——"自然分蜂"。此时工蜂会在巢脾的下沿或侧沿建造王台，称为"自然王台"，并胁迫蜂王在其内产卵，培育新蜂王。自然王台具有数量多、台内幼虫日龄不同的特点，这种王台多出现在巢脾的下缘（图1-11）。

图1-11　自然王台

（二）工蜂

工蜂是由蜂王在工蜂巢房内产下的受精卵发育而成，是不具备生殖功能的雌蜂。工蜂各发育阶段，其卵期为3天，未封盖幼虫期为6天，封盖期为11天，从孵化到出房变为成蜂总计为20天。受精卵经3天后孵化为小幼虫，幼虫1～3日龄内与蜂王一样食用蜂王浆，之后食用蜂粮（花粉和蜂蜜），而蜂王终生食用蜂王浆。正是这种营养差别和发育空间大小的差异，使工蜂的生殖器官得不到良好发育（退化），个体与蜂王差异甚大（图1-12）。

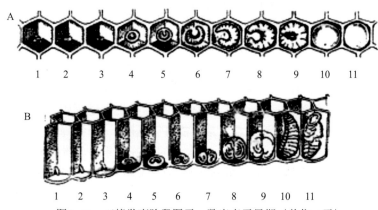

图1-12 工蜂发育阶段图示，数字表示日期（单位：天）
A.从巢房正前方观察 B.从巢房横断面观察

工蜂是蜂群中数量最多、而个体最小的成员。中蜂工蜂体长为10～13毫米，体重为80～90毫克。工蜂承担着蜂群内外的一切工作，为适应所负担的各项工作，其身体部分结构发生了特化。例如，周身的绒毛与后足有花粉筐（图1-13、图1-14），适宜采集植物的花粉；前肠中的嗉囊特化为蜜囊，便于贮存花蜜。

1. **工蜂的分工** 工蜂在群内所担任的工作随着日龄变化而改变。1～3日龄从事保温孵卵、清理巢房；4～5日龄开始调制蜂粮、饲喂大幼虫；6～12日龄王浆腺发达，承担分泌王浆、饲喂小幼虫和蜂王的工作（图1-15、图1-16）；12～18日龄主要承担巢内工作，因此又称"内勤蜂"。这一阶段，工蜂蜡腺发达（图1-17），开始泌蜡造脾（图1-18），同时承担清理蜂箱、夯实花粉、酿蜜的工作；18日龄后，工蜂的王浆腺开始退化，主要承担采集花蜜、花粉、水及巢门防卫的工作；20日龄以上的工蜂，充分发挥其采集能力，承担采集与侦察蜜源等巢外工作，因此也被称为"外勤蜂"或"采集蜂"。

在工蜂的生活周期中，内、外勤工作的蜂量各占一半。但这种分工并非一成不变，在非正常情况下，根据蜂群内的具体情况，不同日龄的工蜂所承担的工作可临时调整或变动。例如，由单一

图1-13　蜜蜂周身绒毛

图1-14　蜜蜂后足形成花粉筐

图1-15　工蜂饲喂小幼虫

图1-16　工蜂饲喂蜂王

图1-17　工蜂的蜡腺　　　　　图1-18　正在泌蜡造脾的工蜂

幼龄工蜂组成的群体，会有部分工蜂提前进行采集活动；在大流蜜期到来时，部分幼龄工蜂也会提前进行采集活动；如果内勤蜂少，部分外勤蜂会改变其生理指标（Amdam，2005），进行泌蜡造脾、分泌王浆等，逆转成为哺育蜂。工蜂血液中的保幼激素含量和其所从事的工作有很大关系，血液中的保幼激素含量是随日龄的增长而增加的（吴杰，2012）。

　　2.工蜂的寿命　工蜂的寿命与季节、蜜源、蜂群群势、劳动强度及蜂种遗传性等因素有关。在采集季节，工蜂平均寿命只有35天左右，而在零星蜜源期，或采集与哺育任务不繁忙的季节，工蜂寿命可达70～80天，在秋后所培育的越冬蜂，则能生存3～4个月，有时甚至长达5～6个月。

　　工蜂的寿命还与发育阶段和后期饲喂阶段的营养状况有关。发育阶段营养充足，蛋白质食物充足，环境温湿度适宜，工蜂的寿命会延长。一般在蜜粉源丰富的季节，强群培育的工蜂寿命长于蜜粉源条件差和弱群培育的工蜂。此外，后期饲喂工蜂的饲料糖与花粉的种类、质量也直接影响工蜂的寿命。一项研究表明，取食蜂蜜的工蜂寿命为13.7天，取食葡萄糖液的工蜂寿命则缩短一半，约6.4天。因此，在养蜂生产过程中，强调以优质饲料饲喂蜂群，培育强群采蜜，以延长工蜂的寿命，提高蜂群的生产能力。

　　（三）雄蜂

　　雄蜂是蜂群内的雄性公民，是由蜂王产在雄蜂巢房内的未受精卵发育而成，其职能仅是和处女王交配（图1-19）。未受精卵经过3天后孵化为小幼虫，其食用营养物的质量与工蜂幼虫相似，但数量却多3～4倍，因此雄蜂幼虫比工蜂幼虫大。幼虫封盖时，雄蜂巢房的封盖明显高于工蜂巢房的封盖，且呈笠帽状，并且上面有透气孔，这是意蜂所没有的（吴杰，2012）（图1-20）。

图1-19 中蜂雄蜂

图1-20 一张有雄蜂房、工蜂房、母蜂房（王台）的巢脾

刚羽化的雄蜂只能爬行，集中在巢房的中央区域活动，一方面这一区域哺育蜂多，便于向哺育蜂乞求食物；另一方面这一区域的温度相对高，有利于其发育。发育成熟的雄蜂多在巢脾两侧或离巢门近的地方活动，便于其出巢飞行。雄蜂羽化后10～25天是最佳交配日龄，雄蜂婚飞有一个很明显的特征是成百上千只雄蜂聚集在一起，形成"雄蜂聚集区"，以保证处女王顺利婚飞交尾。只有最强壮的雄蜂才能获得与处女王交配的机会。交配后，雄蜂由于生殖器官脱出（图1-21），不久后便死亡。

雄蜂具有一对突出的复眼和发达的翅膀，同一蜂场中，雄蜂没有群界，可任意进入每一个蜂群而不受攻击，这种特性可以避

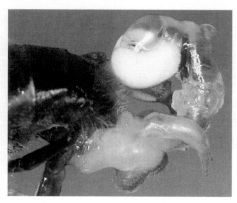

图1-21　雄蜂生殖器

免近亲交配。雄蜂是季节性成员，一般寿命为3～6个月。当分蜂季节过后，外界蜜源匮乏时，工蜂会停止对其饲喂，或将其围困在蜂箱一角，以致饿死。在生产中，如雄蜂过多，有时也采用割雄蜂房的方法，控制雄蜂数量，以节省饲料。

二、中蜂的信息传递及采集行为

（一）中蜂的信息传递

中蜂是一种社会性昆虫，过群体生活。蜂群作为一个整体其功能远远强于单个蜜蜂。在蜂群中，成员之间的信息交流必不可少。中蜂之间的信息传递主要通过舞蹈与释放化学信息素两种方式进行。

1.舞蹈信息通信　蜜蜂信息交流的研究是从蜜蜂"舞蹈语言"开始的，许多科学家研究证实了工蜂能以一定的方式跑动，并摆动身体来表达某种信息。当侦察蜂在野外找到蜜粉源时，工蜂会在巢脾上跳"8"字形摆尾舞或圆形舞，告诉其他工蜂蜜源的远近、方向及丰富度。目前，已经发现了许多种蜜蜂舞蹈，如圆舞、镰刀舞、摆尾舞和"呼呼舞"等（图1-22、图1-23）。

圆舞是最初级和最简单的蜜蜂舞蹈，它不能精确表明食物的距离和方向，只是简单通知工蜂食物在离蜂巢很近的地方，一般

图1-22 "摆尾舞"

图1-23 "呼呼舞"

不超过50米;当食物在50～100米时,工蜂跳的圆舞逐渐转变为镰刀舞,又称新月舞。蜜源距离增加时,表演舞蹈的工蜂摆尾次数增多,同时镰刀舞两端逐渐向彼此靠近,直至转变为摆尾舞;当食物离蜂巢100米以外时,工蜂跳摆尾舞,这种舞蹈能表明食物的距离、数量和方向,且摆尾时间越长,距离食物越远,舞跳得越快,转圈数越多,蜜源质量越好。"呼呼舞"与蜂群分蜂相关,工蜂表演"呼呼舞"时,明显振动全身,特别是振动腹部,并经常抓住其他工蜂或蜂王,这种舞蹈在一群蜂中每小时可表演数百次,主要用来调节采集和分蜂活动。

2.化学信息通信 蜜蜂长期生活在黑暗的蜂巢中,除依靠舞蹈、接触和声音动作进行通信外,很多信息是通过信息素来传递的。常见的蜜蜂信息素有蜂王信息素、工蜂信息素、雄蜂信息素和蜜蜂子脾信息素。

蜂王信息素是蜂王自身分泌的外激素,上颚腺信息素主要有抑制工蜂卵巢发育、控制分蜂、协调和保持蜂群群体行为等特征,此外蜂王还分泌背板腺信息素、蜂王跗节腺信息素、蜂王科氏腺信息素和蜂王直肠信息素等。工蜂信息素成分与蜂王不同,工蜂分泌的引导信

图1-24 工蜂蜇人后释放报警信息素

11

素对蜜蜂有强烈的吸引力，由其臭腺分泌，以气味信号招引同伴和标记引导。此外，工蜂还分泌报警信息素、跗节腺信息素、纳氏腺信息素等。例如，工蜂用螫针蜇人后，会释放出类似香蕉味的报警信息素，招引其他工蜂前来攻击（图1-24）。

（二）中蜂的采集行为

1.采花蜜 中蜂蜂群需要花蜜、花粉、水和盐来维持生活。花蜜是蜜蜂所需糖类物质的来源，是蜜蜂一切生命活动的主要能量来源。工蜂在出巢采集前，会先取食约2毫克的蜂蜜，作为采集飞行的能量储备，这可维持其飞行4～5千米。蜜蜂越冬时为维持蜂团温度，也要靠吃蜜产生热量，因此流蜜期采集和贮存蜂蜜是蜂群最主要的生产活动（图1-25）。

图1-25　蜜蜂采集花蜜

2.采花粉 花粉是蜜蜂所需的蛋白质来源。工蜂体表形态结构的特化，使其具有高效采集和携带花粉的能力。工蜂通过其体表绒毛黏附花粉粒，通过口喙在花药表面黏附花粉，通过前、中足的附刷收集身上的花粉粒，再通过一系列复杂的动作，将花粉放到后足胫节外侧的花粉筐内，成为花粉团，带回蜂巢（图1-26）。

3.采水 水是蜜蜂生活和调节巢内温湿度不可缺少的物质。蜜蜂采集水的主要目的一是在炎热的夏季，通过水分蒸发来降低巢内温度；二是用于稀释储存的蜂蜜为幼虫调制食物。气温超过30℃，蜜蜂吃不到水，24小时内便会死亡。因此，及时给蜂群补充水分极

图1-26　蜜蜂采集花粉回巢

为重要。

4. 采盐　工蜂在采集水时，也会同时采集无机盐。缺乏无机盐时，一些工蜂会到牛圈、猪圈或厕所采集，也会被养蜂员身上的汗味吸引，舔食其身上的盐分。若出现这种行为，养蜂员应及时给蜂群饲喂千分之一盐度的淡盐水。

蜂群采集食物是一项巨大的工程，一只蜜蜂每天能出巢采蜜7～11次，每次能携带花蜜20～40毫克，采集花粉约12毫克。一般而言，在流蜜期，酿造1千克蜂蜜（以向日葵为例），蜜蜂需要访问向日葵花达3 500万朵，飞行10万余次，相当于绕地球赤道飞行2.5圈。当风速达17.6千米/小时，采蜜采粉蜂减少，风速达33.6千米/小时，蜜蜂停止采粉。

采集蜂回巢后，将蜜囊中的花蜜传递给内勤蜂，内勤蜂接受花蜜后，开始酿造贮存的行为。花蜜中含有的糖绝大部分为蔗糖，在被蜜蜂配制成蜂蜜的过程中将发生两个方面的变化：一是将蔗糖转化为葡萄糖和果糖的化学变化；二是花蜜被浓缩至含水量在20%以下的物理变化（图1-27、图1-28）。工蜂将花蜜吸进蜜囊的同时，混入了含有转化酶的唾液，里面的蔗糖开始转化为单糖。

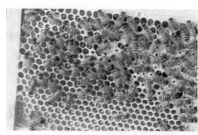 

图1-27　未封盖蜜，即水蜜　　　图1-28　封盖蜜，即成熟蜜

三、中蜂的特殊习性

（一）分蜂习性

中蜂分蜂性强，分蜂是其主要繁殖形式。自然分蜂时，蜂王会带走一半左右的老蜂离开原巢，有时羽化出房的处女王也会带着一部分工蜂离开原巢，进行第二次自然分蜂，但这种情况在自然条件下较少见，因为小蜂群在野外生存概率较小。在长江以南的地区，一般每年的春、秋季会发生自然分蜂，而在长江以北的地区，春、夏季蜜源期是主要的分蜂期。

中蜂分蜂可分为3个阶段，即分蜂前期、分蜂热期和分蜂发生期。分蜂前期，蜂群迅速增长，工蜂会在巢脾下缘筑造几个王台，并迫使蜂王在王台内产下受精卵，同时蜂群中出现雄蜂。分蜂热期，蜂王产卵量急剧下降，蜂群采集活动减少，工蜂对蜂王不像以前那么亲热，只有少数几只工蜂饲喂蜂王，导致蜂王缺乏蜂王浆而缩小腹部，随着王台逐渐成熟，蜂王几乎停止产卵。分蜂发生期，在即将分蜂的蜂群巢门口，可以看到工蜂结团，当蜂王被工蜂驱赶飞逃原巢后，蜂群内约有一半工蜂也会紧随蜂王离开原来的蜂巢。飞逃蜜蜂在附近飞翔（图1-29），不久后部分工蜂便在合适的树枝、墙角等场所临时结团（图1-30）。至蜂王落入分蜂团时，其他工蜂会像雨点一般飞落在分蜂团上。当蜂群静止时，分蜂团中央内陷形成一个缺口，使蜂团通气。从分蜂开始飞离蜂巢到结团完成，整个过程一般会在20分钟内完成。

图1-29 飞逃蜜蜂在空中的
场景（张明华摄）

图1-30 飞逃蜜蜂临时在树上
结团（张明华摄）

根据分蜂的发展过程，在平时的饲养管理中，可对蜂群的分蜂行为与分蜂日程做出预判，一般王台封盖后8天，即王台端部呈红黄色，则分蜂即将发生。中蜂分蜂性与蜂群强弱、气候、蜜源条件、蜂种、蜂王年龄和质量相关，生产上应根据具体情况做好调整。例如，在大流蜜期到来时，应及时更换老王，使用新王，新王产卵能力强，能带领强群，分蜂性弱，生产能力强，采蜜多，效益高。

（二）抗逆性

中蜂抗寒，尤其是长白山中蜂，能在-40℃野外越冬。春季气温2℃时蜂王便开始产卵，比意蜂提早半个月。中蜂外出采集的温度为6.5℃（周冰峰，1991），善于采集早春、晚秋和初冬的蜜源，如枇杷、蓝莓、野桂花、千里光、鸭脚木等低温开花植物。

中蜂喜阴凉、怕暴晒（图1-31）。夏季气温较高时，若蜂箱暴晒在阳光下，会造成工蜂成群飞逃。因此，养蜂生产中，应将中蜂群安置在阴凉通风处，做好遮阳防晒工作，以保障蜂群安全越夏。

（三）抗病性

1.抗蜂螨　蜂螨是西方蜜蜂蜂群中常见的虫害，且危害性极大，但中蜂与蜂螨在长期协同进化的过程中，产生了相互适应的特性，对中蜂基本不构成危害。

2.抗美洲幼虫腐臭病和白垩病　这两种病是危害西方蜜蜂的顽固细菌与真菌性传染病，且病原菌抗药性强，极难根治，中蜂

图1-31　蜜蜂在巢门扇风排热

幼虫对这两种病具有很强的抗性。但是，中蜂易感染囊状幼虫病和欧洲幼虫腐臭病。因此，在生产上应加强管理，饲养强群，增强蜂群的抗病能力。

（四）盗性

中蜂在外界蜜源短缺期或缺蜜时，蜂群间容易发生盗蜂现象，即一群蜜蜂进入另一群蜂群中，把另一群蜜蜂贮存的蜂蜜搬回自己蜂巢的行为。发生盗蜂的根本原因是蜜粉源缺乏。此外，蜂场内蜂群群势相差悬殊、蜂群内饲料不足、管理不善等原因也易引发盗蜂。一旦发生盗蜂，如不及时制止，轻者受害蜂群的生活秩序被打乱，成群飞逃，重者全场蜜蜂覆灭（图1-32、图1-33）。

图1-32　不同蜂群盗蜜打架

图1-33　被盗蜂群门前死蜂一片

第三节 我国中蜂饲养现状

当前我国中蜂生产存在两种不同的方式，即活框饲养与传统饲养，两种方式各有特点，也各有其必要性。活框饲养的中蜂主要分布在经济相对发达的地区，生产上采用现代活框蜂箱（图1-34），便于操作管理，产量也明显优于传统饲养的蜂群。活框饲养的生产方式多利用摇蜜机摇蜜（图1-35）。

图1-34 活框养殖蜂场（张明华摄）

图1-35 摇蜜机

传统饲养的中蜂主要分布在生态环境较好而经济相对落后的地区（图1-36），生产上多采用木桶、格子箱等养蜂工具（图1-37），管理粗放，多利用自然分蜂，部分地区仍存在毁巢取蜜的

图1-36 中蜂传统养殖

图1-37 格子箱养殖

现象。但这种传统养殖方式经历千百年的沉淀和积累，有其独特的存在意义和价值，且传统方式生产的蜂蜜成熟度高，不易发酵，耐贮存，深受消费者青睐，市场价格也比较高。

自20世纪20—60年代大力引入意蜂后，我国中蜂种群数量曾一度下降，分布区域缩减。自2007年国家现代蜂产业技术体系成立后，有力地推动了中蜂的保护与繁殖，但总体而言，我国中蜂饲养管理技术的推广应用仍普遍低于西蜂，中蜂产业化的发展也相对落后。近十多年来，经过我国养蜂科技工作者与广大中蜂养殖者的不懈努力，中蜂养殖技术有了较大突破。其中，中蜂成熟蜜生产、不同养殖模式的探索、浅继箱的应用（图1-38）、多种箱型的开发、病敌害综合绿色防控、免移虫育王及电动榨蜜机的发明、中蜂授粉等技术已渐趋成熟，并逐步在生产中得到应用推广。

图1-38　中蜂浅继箱养殖

养蜂技术的进步、生态环境的改善、政策的支持，加之各级部门的推动，使得我国当前中蜂产业快速发展，中蜂种群数量明显恢复，中蜂蜂群生产量与生产效益也明显提高（图1-39）。据中国养蜂学会与中国蜂产品协会2017年统计，全国蜂群数超过1 000万群，其中中蜂为400万群。饲养的中蜂主要分布于广东、广西、四川、贵州、云南、福建、海南、湖南、湖北、江西、浙江、陕西、甘肃、宁夏、青海等地，其中，尤以长江流域及其以南的山

图1-39 规模蜂场

区，中蜂资源及蜜源资源最为丰富。

　　作为蜂产品的生产、消费与出口大国，中蜂生产的从业人员近年来明显增加。目前，我国养蜂从业人员30多万，从事中蜂饲养的人员占一半以上，从事传统饲养和活框饲养的人员也各占一半。但与西方蜜蜂饲养的从业人员结构相似，中蜂养殖者普遍年龄偏大，受教育程度偏低。因此，优化养蜂从业人员结构，广泛吸纳年轻人加入蜜蜂生产领域，积极拓展就业渠道，培训现代养蜂人是我国当前蜂业发展、也是中蜂产业发展的关键。

第二章 中蜂安全养殖技术 >>

第一节 蜂场的建立

一、养蜂场地选择

中蜂通常是定地或小转地饲养，选择合适的养殖场地是中蜂养殖成败的关键。

第一，养蜂场地应选择以蜂场为中心的1.5～2千米的范围内，最好一年中至少要有2个生长面积大的主要蜜粉源，其他季节陆续有一些辅助蜜粉源。蜂场附近不施或少施农药。第二，场地应满足春季背风、向阳、干燥，夏季遮阴较好等条件。第三，养蜂场地周围要有干净的水源，不能靠近厕所、牲畜圈舍。两个中蜂场地之间应有适当的距离，以每隔2～3千米设置一个养蜂场为宜，中蜂和意蜂一般不要同场饲养，避免缺蜜季节发生盗蜂、打斗。中蜂喜静，人、畜频繁活动的地方也不宜作为中蜂养殖场地。

二、蜂场规模

蜜源条件是养蜂建场的基础，蜂场规模应与当地蜜源条件相匹配，适度规模饲养才能获得较高的产量，取得较好的经济效益。

一般来说，定地饲养蜂群，在以蜂场为中心，半径1.5～2千米的范围内，如果有两个以上大蜜源的地方，每个蜂场可养蜂60～80群；只有一个大蜜源，其余时期有辅助蜜源的地方，每个蜂场可养蜂30～50群；蜜源条件不好的地方，每个蜂场只能养蜂30群以下。蜜源条件特好，转场放蜂的蜂群，饲养规模也可在百群以上。

三、蜂群的摆放

中蜂易迷巢，盗性强，饲养数量少时，可以将蜂箱分散排列在屋顶、屋檐下或向阳的一面墙下；但饲养的数量较多时，应尽可能依据地形、植被或建筑物分散放置，不宜过于集中，以免引起盗蜂和蜂病传播（图2-1、图2-2）。

图2-1　摆放在房前的蜂群　　　图2-2　摆放在屋顶的蜂群

平地摆放蜂箱，可单箱散放，也可双箱并列，或以3～5箱为一组分散放置。每组蜂箱之间的水平距离应不少于2米。

在山区可依山形地势使蜂箱呈阶梯式散放，高低错落，使中蜂飞行路线不重叠（图2-3）。

选定蜂箱位置后，应在蜂箱下放置支撑物（如竹桩、木桩、水泥砖、塑料筐等）将蜂箱架高，一方面可以减缓蜂箱的腐朽、老化，另一方面可以减少地面爬行的小动物对蜂群的侵扰（图2-4）。

图2-3　依地势阶梯式摆放的蜂群　　　图2-4　摆在塑料筐上的蜂箱

第二节　蜂机具

一、蜂箱及蜂桶

蜂箱或蜂桶是发展中蜂养殖最基本的用具之一，通常使用质地结实、不易腐烂变形的松木、杉木或桐木制成。蜂箱用于活框饲养，传统饲养使用的是蜂桶。

（一）蜂箱

由于中蜂具有9种生态类型，不同的生态类型在群势、习性等方面有所差异，因此在中蜂养殖的实际生产过程中发展出了多种多样的中蜂蜂箱，以适应不同地区中蜂的养殖需求。目前在我国中蜂养殖中使用较为普遍的活框蜂箱主要有郎氏箱（也称意蜂10框标准箱）、中蜂10框标准箱、中蜂12框蜂箱、从化式蜂箱、高阹式蜂箱、GN式蜂箱、短框多层多用途中蜂箱（也称3D中蜂箱）等（图2-5至图2-16）。华南地区（广西、广东、福建、海南）因蜂群群势小，多使用7框蜂箱，其他地区多采用意蜂10框标准箱。目前许多地区也在逐渐使用中型蜂箱。

图2-5　郎氏箱（容积44 733厘米³）

图2-6　郎氏箱加浅继箱（容积67 959.8厘米³）

图2-7　郎氏箱加继箱（容积89 466.0厘米^3）

图2-8　短框式12框中蜂箱加继箱（容积89 466.0厘米^3，单箱容积44 733.0厘米^3）

图2-9　中蜂10框标准箱加浅继箱（容积65 934.0厘米^3）

图2-10　中蜂10框标准箱（容积43 956.0厘米^3）

图2-11　GK式中蜂箱
（容积46 462.5厘米^3）

图2-12　GK式中蜂箱加浅
继箱（容积67 725.0厘米^3）

图2-13　云式Ⅱ型中蜂箱
（容积29 419.0厘米^3）

图2-14　从化式（非标准型）
蜂箱（容积42 500.6厘米^3）

图2-15　GN式中蜂箱加继
箱（容积38 583.6厘米^3，
底箱容积19 291.8厘米^3）

图2-16　ZW式中蜂箱加
继箱（容积35 368.0厘米^3，
底箱容积17 684.0厘米^3）

　　活框蜂箱通常是由箱体、箱盖、纱盖、巢框、巢础、隔板、大闸板等几部分组成（图2-17）。

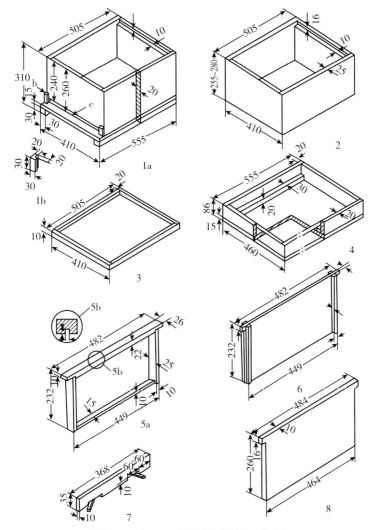

图2-17　郎氏10框蜂箱（单位：毫米）

1.底箱　2.继箱　3.纱盖　4.箱盖　5.巢框　6.隔板　7.巢门档　8.大闸板

1. 箱体　包括巢箱（又称底箱）和继箱两部分，巢箱和继箱的大小一致，箱身钉有底板的叫巢箱，没有底板的叫继箱或继箱套。一个蜂场应适当配备几套空继箱，以便在合并蜂群时使用。一般中蜂多采用巢箱（又称平箱，即不加继箱）生产，蜂群强大时，也可在底箱上叠加继箱（图2-7），巢箱在下方用于繁育蜂群，继箱在上方用于产蜜。目前在中蜂饲养中还大量使用的是浅继箱（图2-6），浅继箱的箱高接近继箱的一半，比较适合中蜂的生产力。巢箱的一侧底部开有左右两个舌形巢门，根据需要巢门可开可闭，便于调节大小（图2-18）。也有的蜂箱采用圆孔型多功能巢门，通过旋转，可分为正常、隔王、通风、关闭4挡（图2-19）。

图2-18　左右两个舌形巢门

图2-19　多功能巢门

2. 箱盖　又称大盖，使用时放置于箱体上部，通常前后两侧或左右两侧开通风窗，通风窗有利于蜂群夏季散热、酿蜜期散发水分等。

3. 纱盖　又称副盖，在使用时置于箱盖和箱体之间，通过增减纱盖上的覆盖物可以达到通风和保温的效果（图2-20）。华南地区气候炎热，有一部分蜂箱不使用箱盖，而是用一块木板直接盖在蜂箱上面，所以也不采用纱盖，而是在蜂箱前后开通风窗，以便转地时使用（图2-21）。

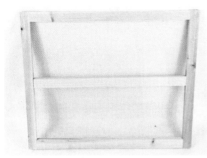

图2-20　纱盖　　　　　　　　图2-21　蜂箱后开通风窗

4.巢框　是活框饲养蜜蜂的重要组件，有支撑和固定巢脾的作用，由木质的上下框梁和左右侧条组合而成，也有少量塑料材质的巢框（图2-22）。巢框上安装好巢础的巢框叫作巢础框（图2-23），市场上有现成的巢础框售卖。

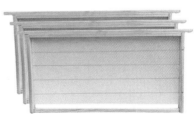

图2-22　绷紧铁丝的巢框　　　　图2-23　固定巢础的巢础框

5.巢础　是根据蜜蜂筑巢的生物学特性人工制成的蜡质薄片，使用时镶嵌在巢框的中央，是蜜蜂筑造巢房的人工"地基"（图2-24）。

6.隔板　又称小隔板或保温板，其作用为根据蜂群的群势将蜂箱分隔为有蜂区和无蜂区（图

图2-24　巢础

2-25、图2-26）。

图2-25 使用隔板的蜂群

图2-26 爬满蜜蜂的隔板

7.闸板 又称中隔板、中闸板或大闸板，形状与隔板相似但尺寸稍大（图2-27），插入箱体将箱内空间隔绝为两部分，使蜜蜂不能通过。饲养双王群（双群同箱）时通常使用闸板，闸板两侧各放一群蜂，箱面上盖露布，两群蜂之间无接触（图2-28）。

图2-27 上为隔板，下为闸板

图2-28 闸板隔开双王群（双群同箱）

8.隔王板 用于巢箱和继箱之间的称为平面隔王板（图2-29），用于巢箱内的叫作立式隔王板（图2-30）。隔王板上的竹栅间隙允许工蜂通过而蜂王不能通过，用以限制蜂王产卵范围，使育虫区与产蜜区分开。

图2-29 平面隔王板

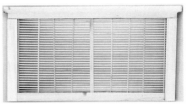

图2-30 立式隔王板

(二) 蜂桶

我国饲养中蜂的历史悠久，在西方蜜蜂引进我国之前，中蜂均采用蜂桶实行传统饲养，至今定地饲养的中蜂也有很大部分使用蜂桶。用蜂桶实行传统饲养有其优势，比如让蜂群自由发展，不用过多干涉，管理粗放，省工省事，节约饲料及其他养殖工具的费用，一年只割蜜1～2次，蜂蜜成熟度好，市场认可度高，蜂蜜价格好；符合我国当前农村劳动力实际情况（老人、妇女多，文化水平、技术水平低），且规模可大可小（少的一户可养5～10群；多的分点饲养，可养100～200群）。传统饲养与活框饲养一样，也是我国中蜂生产的一种主要生产方式，具有一定的推广应用价值。传统饲养使用的木质蜂桶多是养蜂人自制，就地取材，形式多样，尺寸规格不一，使用较为普遍的有圆形蜂桶、方形蜂桶和格子蜂桶。除木质蜂桶外，在气候比较干燥的地方，也可用土坯或砖砌自制蜂窝和蜂箱（图2-31、图2-32）。

图2-31 土坯无框式蜂窝

图2-32 砖砌蜂箱

1.**圆形蜂桶** 其制作简单，用一截树段挖空即可制成，树干两端用木板和新鲜牛粪、泥浆封堵，仅在一端（横卧式圆形蜂桶）或一侧（直立式圆形蜂桶）留有圆孔供蜜蜂自由进出（图2-33、图2-34）。直立式圆形蜂桶内应在中部钉一个十字形木架以固定巢脾，而横卧式圆形蜂桶则无此要求。有的圆形蜂桶也可用木板制作，也有立式和横卧式之分。圆形蜂桶高度约60厘米，直径约35厘米，通常一端大另一端略小，两端比例为1：0.85；蜂桶厚度为3～3.5厘米，容积为56 000厘米^3，比郎氏箱略大。小型蜂桶如浙江衢州地区使用的立式蜂桶，其高度为40厘米，下段直径32厘米，上段直径26厘米，容积约为大型蜂桶的一半。小型蜂桶繁蜂好，大型蜂桶割蜜多，各有优点，可根据当地条件及需求进行设计、制作。

图2-33 将树段挖空制成的横卧式圆形蜂桶　图2-34 直立式圆形蜂桶

2.**方形蜂桶** 是用4块相同大小的木板拼合而成，桶有大有小，通常每块木板长约65厘米，高、宽各约40厘米，厚为2.5～3.5厘米（图2-35）。方形木板拼合后，横卧式蜂桶两端用木板封堵（图2-36）。直立式方形蜂桶一端用上述方法封堵，另一端则直立于木板或水泥地面上。直立式方形蜂桶中也应在中部钉木十字架以支持巢脾，并在背风向阳的一侧开圆形小孔供蜜蜂出入。

3.**格子蜂桶** 又称格子箱，是由多个可以自由活动的方形或

图2-35 方形蜂桶 图2-36 横卧式方形蜂桶中的蜂群

圆形格子组成（图2-37、图2-38），格子箱及竹签可自制或网购，一般为3～4层格子，多时可达5～6层。可根据各地不同的饲养条件，适当调整层数。格子蜂桶的尺寸多种多样，根据调研结果，推荐使用内径为29厘米、高为8～10厘米的蜂桶，其一格的蜂量相当于郎氏箱的2框蜂。格子箱的中部要插上竹签，并呈"井"字形，用于承接固定巢脾。格子蜂桶有类似于继箱的功能，蜂王在下层格子产卵，工蜂在上层格子贮蜜，这样取蜜时就不会伤害卵或幼虫。上层格子蜜满后，使用细铁丝在上下两层格子之间割断，就可以将上层蜜脾整格取出，取蜜后再从底部加格，蜂群又会继

图2-37 方形格子箱 图2-38 圆形格子箱

续向下发展。

对格子箱的管理，当最底层箱体下面有较多工蜂在外时，说明箱内空间已满，要往下再增加一格空箱。格子箱顶层应开有铁纱通风窗，箱顶有铁纱盖通风，或在上、中部格子开巢门，以便工蜂进出及保证通风透气。

二、日常管理用具及其使用

（一）防护用具

防护用具种类较多，有全身防护服、半身防护服、蜂帽和手套等。防护用具能保护身体免遭蜂蜇（图2-39至图2-41）。

图2-39　半身防护服

图2-40　蜂帽

图2-41　橡胶手套

防护服有不同的颜色和质地，以轻薄的白色尼龙纱做成的防护服较好，透气，天热天冷均可使用，且易洗易干。但由于其质地轻薄，穿戴时里面也要穿长袖衣服。使用过的防护服和蜂帽等，要经常用水清洗，以免遗留工蜂报警激素的气味，再次被蜇。

半身防护服下边虽有松紧带，但并不严密，有时工蜂会钻入防护服内，穿戴时最好将其扎在腰带内（图2-42）。

穿防护服时应同时戴手套，且手套扎于防护服袖口外（图2-43），也可将防护服的袖口套在手套的袖口上。检查蜂群时最好

图2-42　防护服扎于腰带内

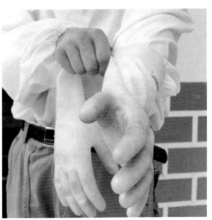

图2-43　手套扎于防护服袖口外

穿高帮鞋、长裤，裤脚罩在鞋帮外，以更好地保护自己，少被蜂蜇。

（二）起刮刀和刮刀

起刮刀是蜂群日常管理中常用的工具，开箱管理时可用其撬动纱盖或巢框，铲去框梁、箱体和隔板上的小块赘脾，清理箱底的蜡屑等杂物，转地时钉钉和起钉等。

图2-44　起刮刀（左）、刮刀（右）

刮刀的刀板薄而宽大，可用于清理箱底蜡屑，轻便实用（图2-44）。

（三）喷烟器

检查或取蜜时，利用喷烟器喷出的烟可使蜂群快速镇静，减弱其攻击性（图2-45、图2-46）。

（四）蜂刷

蜂刷也被称作蜂扫，在取蜜期间用于清理抖蜂后巢脾上的少量蜜蜂（图2-47）。

图2-45　配有艾条的喷烟器

图2-46　打开喷烟嘴并点燃艾条

图2-47　蜂刷

（五）饲喂器

饲喂器用于给蜂群饲喂蜂蜜、糖水、水或食盐等饲料和营养物质，有长条形和圆形等多种。购买饲喂器时应注意根据使用目的和要求选取合适的种类和规格（图2-48）。

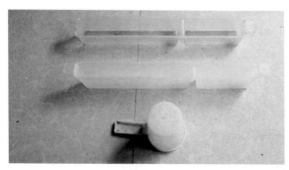

图2-48　上、中为两种条形饲喂器（也称饲喂槽），下为圆形518饲喂器

　　为了防止蜜蜂取食时溺死，在蜂箱内的条形饲喂器中应加入用干竹片或用草秆做的浮漂（图2-49），以方便工蜂站立取用。市场上也有现成配套的塑料浮漂出售。

图2-49　饲喂器中放入草秆，防止蜜蜂取食时溺死

　　使用圆形饲喂器喂蜂，应先将糖浆倒入圆形饲喂器内，扣好盖板，再翻过来放入箱底，工蜂自饲喂器上的扁嘴取用饲料。春繁气温较低时，也可将圆形的扁嘴从巢门口伸入箱内喂糖或喂水，不用打开箱盖。这种饲喂器的优点是不会溺死蜜蜂。

（六）巢础埋线器及托脾板

　　巢础埋线器种类繁多，其中齿轮埋线器较为好用，有插电和不插电两种（图2-50），其作用是将巢框上的铁丝嵌入巢础中。

　　托脾板可以用木板自制，其外围刚好是巢框的内围，以便

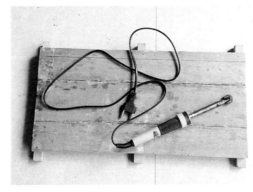

图2-50　齿轮埋线器（插电）和托脾板

上巢础时将巢框平放于托脾板上，避免因巢础悬空而埋不进铁丝内。

（七）囚王笼

囚王笼由竹或塑料等材质制成，用于囚禁、贮存、邮寄或介绍蜂王（图2-51）。双层可调式塑料囚王笼比较方便、实用（图2-52），将王笼的隔栅间距调小后，外面的工蜂无法进入。

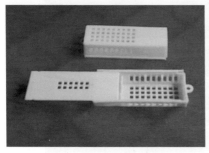

图2-51　邮寄囚王笼　　图2-52　双层可调式塑料囚王笼

（八）收蜂笼

收蜂笼用于收捕分蜂团或野生蜜蜂，传统的收蜂笼用竹篾编织而成（图2-53、图2-54）。

图2-53　收蜂笼　　图2-54　竹篾编织的收蜂笼

三、蜂蜜、蜂蜡采收器具

（一）不锈钢割蜜刀

不锈钢割蜜刀在摇蜜前用于削去蜡盖，日常管理用于削去赘脾等（图2-55）。

图2-55 不锈钢割蜜刀

（二）摇蜜机

小型摇蜜机有插脾和手动翻脾两种基本类型，其作用原理均是利用离心力将蜂蜜从巢脾中分离出来（图2-56）。

（三）蜂蜜、蜂蜡两用压榨机

蜂蜜压榨机适用于老式蜂桶饲养的中蜂。取出巢脾后先将蜜脾与粉脾、子脾分离，之后将蜜脾放入压榨机中，利用物理压力将蜂蜜与蜂蜡分离，现有手动和电动两种。电动省工省力，工作效率高，清洁卫生（图2-57）。

图2-56 摇蜜机（整机）　图2-57 电动蜂蜜、蜂蜡压榨机（整机）

（四）滤网

滤网用于过滤蜂蜜，除去蜂蜜中的蜡屑或其他杂质，通常用不锈钢、尼龙等材质制成，网孔一般以60～100目为宜（图2-58）。

图 2-58　蜂蜜滤网

（五）贮蜜桶

蜜桶用于贮存或运输蜂蜜，由不锈钢、食品级塑料等材质制成（图2-59至图2-61）。

图2-59　不锈钢贮蜜桶　　图2-60　塑料贮蜜桶　　图2-61　陶缸贮蜜桶

（六）小型隔王片（器）

小型隔王片（器）有多种，市场均有销售（图2-62）。安装小型隔王片（器）后，工蜂能自由进出，但蜂王出不去，可防止蜂群逃亡，发生意外分蜂；或原地分群时，安装于老蜂王的巢门前，防止部分交尾群处女王交尾回来时错巢被杀。

（七）王台保护器

将来自人工培育巢脾上割下的王台放于此保护器中，然后将王台介绍给蜂群，介绍时让小的开口朝向下方（图2-63）。

图2-62　隔王片

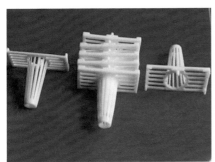

图2-63　塑料王台保护器

（八）喷灯或喷枪

市场上用于烧烙猪头、猪蹄的酒精、煤油或汽油喷灯，可用于蜂箱内壁、箱缝快速高温消毒（图2-64）。

（九）手持测糖仪（折光仪）

手持测糖仪（折光仪）用于测定蜂蜜的浓度（图2-65）。掀开测糖仪前端的盖板，将取出来的蜂蜜滴一两滴在测糖仪前面的玻璃板上，然后盖上盖板（图2-66、图2-67）。

左手捏住测糖仪后端，贴近眼球（图2-68），然后右手旋动仪

图2-64　火焰喷灯

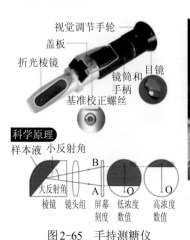

视觉调节手轮
盖板
折光棱镜
镜筒和手柄
目镜
基准校正螺丝

科学原理

样本液 小反射角
大反射角
B
棱镜 镜头组 A 屏幕刻度 O 低浓度数值 O 高浓度数值

图2-65 手持测糖仪

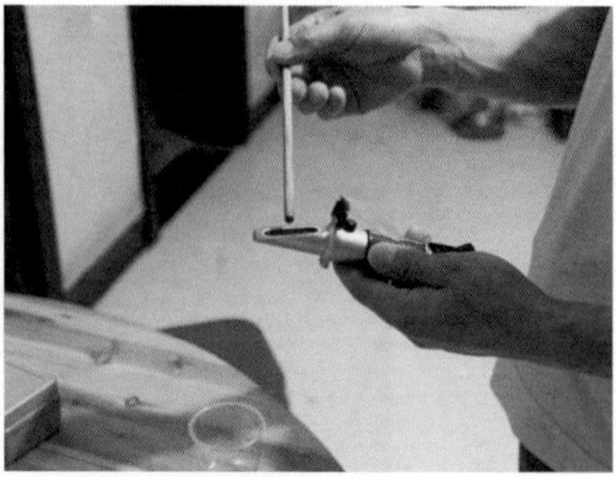

图2-66 掀开测糖仪前端的盖板，将蜂蜜滴在测糖仪蓝色的玻璃板上

图2-67 盖上盖板，消除中间的气泡

图2-68 读取蜂蜜的波美度（浓度）

器后部有棱的中部，直到视野中出现明显的蓝白分界线时，读取左边的读数，即为蜂蜜的波美度（浓度）。

（十）空气清新剂

空气清新剂用于合并蜂群、补蜂补子、介绍蜂王及混合气味（图2-69）。将空气清新剂喷口朝向目标，打开盖子，按下顶部，从喷口处即喷出气体。空气清新剂有多种香型，选择茉莉或桂花等温和香型比较好。

图2-69 空气清新剂

（十一）量筒

量筒用于测量水量、配备蜂药时使用，也可使用矿泉水空瓶来测水量。

（十二）喷壶

旋开喷壶壶盖，在喷壶内装入清水或蜂药，然后用手拉住顶部的圆柄打气，打足气后，按动喷雾手柄，即喷出水雾或药雾，用于镇定蜂群和给蜂群治病（图2-70、图2-71）。

图2-70　喷壶　　　　　　　　图2-71　对蜂群喷雾

第三节　基本操作技术

一、箱外观察

箱外观察是养蜂生产中的重要环节，也是一项基本能力。在不宜开箱检查时，如气温较低、缺蜜期盗蜂多发时，通过观察箱外蜜蜂的活动，可大致判断箱内蜂群的基本情况。一般箱外观察包括以下内容。

（一）蜂群采集情况

天气晴朗时，若大量工蜂积极进出巢，进巢工蜂腹部膨大，或许多工蜂后足携带花粉团，则表明外界蜜粉源充足，蜂王产卵良好，群势强（图2-72）；若巢门口进出的工蜂稀少，则说明群势

较弱或外界缺蜜（图2-73）。

图2-72　强群巢门前情况　　　　图2-73　弱群巢门前情况

（二）认巢行为

蜜蜂繁殖季节，天气晴暖的中午前后，许多蜜蜂在巢门前约1米高处有规律地上下飞翔，头部朝向蜂箱，腹部上翘，振翅声音较响，即是新出房的蜜蜂正在认巢，蜂群正常（图2-74）。

图2-74　认巢飞行

（三）自然分蜂

春、夏、秋三季，当外界蜜源充足时都有可能发生自然分蜂。有分蜂倾向的蜂群，通常先有大量蜜蜂聚集在巢门口垂挂形成蜂团，之后有大量蜜蜂在蜂箱前及蜂场上空螺旋状纷飞，形成"蜂云"（图2-75）。

图2-75　分蜂"蜂云"

（四）胡蜂侵袭

夏秋季节，若发现蜂群巢门口有中蜂聚集，翅膀和尾部呈间歇性、规律性的摆动，则说明此群中蜂受到胡蜂的侵袭（图2-76）。

图2-76　胡蜂侵袭

（五）盗蜂

缺蜜季节，如果发现蜂箱巢门口异常混乱，常有蜜蜂抱团撕咬或有个别工蜂神态慌张，寻找机会快速进巢又快速冲出，则说明此群中有外来蜂盗蜜，即盗蜂（图2-77）。

图2-77　盗蜂：中蜂抱团撕咬

（六）蜂箱前死蜂堆积

若巢门口有大量死蜂，蜜蜂翅膀健全但不能飞翔而爬行或翻滚，死蜂卷腹，部分蜜蜂后足还携带花粉，则可能是农药中毒（图2-78）。

图2-78　蜂箱前死蜂堆积

（七）失王

外界有蜜粉源开花，蜂场大部分蜂群频繁出巢采集，而个别蜂群工蜂采集积极性低，尤其是采集蜂很少带花粉回巢，且有部分工蜂在巢门前慌乱爬行，说明此群可能失王（图2-79）。

图2-79 箱外观察判断：蜂群失王

（八）飞逃前兆

蜂场内其他蜂群的工蜂正常进出，而某个蜂群出巢不积极，回巢蜂带粉稀少甚至不带粉，有可能是飞逃前兆。

二、开箱检查

开箱检查是对蜂群直观而详细的检查，即开启蜂箱对巢脾进行全部或部分检查，检查的内容一般为蜂群的强弱、蜂脾是否相称、饲料情况、蜂王产卵和幼虫发育状况、有无雄蜂和王台、是否发生病虫害等。

开箱需在天气适宜时进行，温度较低不宜开箱检查。开箱前应备好喷烟器、蜂刷、起刮刀等用具，穿防护服、戴手套。繁殖季节还应准备空蜂箱、巢框等以备不时之需。开箱检查时养蜂员身上不要有汗味、烟味、香水味等刺激性气味，尽量不要穿黑色衣服，因为这些气味和颜色容易激怒蜜蜂。若在检查时被蜂螫，切忌用手拍打蜜蜂，应将手中巢脾轻轻放回蜂箱后用手刮去螫针，然后用湿毛巾擦被螫部位，去除蜂螫后的气味再继续检查。开箱检查时若蜂群暴躁（特别是在春季、老蜂多或气温低时），可用喷烟器对其轻喷淡烟（图2-80），让蜜蜂镇定后再行检查，如整个蜂场的蜂群都不安静，应立即停止检查，整理好蜂脾，盖上箱盖，待蜂群平静后再检查。开箱检查须做到目的清晰、操作规范、动作轻盈、控制时间，检查之后做好记录，发现问题及时处理。

图2-80　使用喷烟器对蜂群喷烟

（一）全面检查

1. 开启蜂箱　养蜂员站在蜂箱侧面开启箱盖，将箱盖靠在蜂箱一侧，揭开纱盖斜靠在巢门前，以便纱盖上的蜜蜂通过巢门爬进蜂箱（图2-81至图2-83）。

图2-81　准备开箱

图2-82　将箱盖放于蜂箱一侧

图2-83　纱盖外翻放于巢门前，以便工蜂进巢

2.逐脾检查 检查前先将隔板移动至外侧，巢框较紧时用起刮刀轻轻撬动巢框框耳，然后两手拇指和食指捏住框耳外移并垂直提起巢框，此过程应轻缓，不要碰到相邻巢脾，以免惹怒蜜蜂。

巢脾提起后应垂直于地面且与面部保持一定的距离，并始终在蜂箱上部，以免蜂王掉落。观察完一面要翻脾时，先一手在上，另一手在下将巢脾竖立，然后以上框梁为轴心，将巢脾旋转180°，再将巢脾上翻即可观察到另一面。观察完一脾，放在蜂巢一侧，再观察下一脾，逐一观察完毕后，将巢脾放回原位置，整理好蜂路，并盖上纱盖、覆布和箱盖（图2-84至图2-90）。

（二）局部检查

局部检查即有针对性的检查，因此在检查前应确定检查的项目（如饲料状况、有无王台、蜂群是否健康等）和重点检查的巢脾位置。一般仅检查边脾贮蜜、贮粉及中间巢脾蜂王产卵情况即可。

图2-84 开箱后移动隔板至外侧

图2-85 手握框耳垂直提脾

图2-86 提脾后观察其中一面

图2-87 翻脾：一手在上另一手在下竖起巢脾

图2-88 将脾以上框梁为轴心，　　　图2-89 旋转完毕，脾往上翻，
旋转180°到右手边的位置　　　　　　观察另一面

图2-90 检查完毕，将脾垂直放入箱中

1.饲料是否充足　蜂群内饲料包括蜂蜜和花粉，因此观察饲料情况只需要查看靠近隔板的边脾（子脾）和隔板侧第二脾的上部和中部，就可以知道蜂群的贮蜜和贮粉情况。若上述两脾有蜜或有粉，且达到一定标准，即说明饲料充足，反之则不然（图2-91、图2-92）。

检查饲料状况，有时不用将脾提出箱外查看，只要用手提起

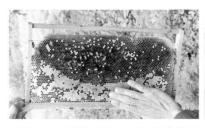 

图2-91　子脾上至少应有三指宽的封　　图2-92　子脾和巢框之间的贮蜜
盖蜜线及较宽的角蜜，说明饲料充足　　区基本无蜜，说明饲料极度缺乏

巢框一头，若觉得沉、有分量，即巢内有存蜜；如提起来很轻，则说明巢内缺蜜，应补饲料。除检查存蜜外，外界缺乏蜜源的时期，回巢蜂带粉少或不带粉，还应检查巢脾中的贮粉情况，如缺粉，应及时补饲花粉。

2.蜂脾是否相称　　打开蜂箱后若脾上蜜蜂稀少，说明蜂少于脾，应撤出若干张脾（图2-93）；若开箱后纱盖上蜜蜂较多，隔板外也有较多蜜蜂，则说明蜂多于脾，可以适时加脾（图2-94）。通常情况下，应保持蜂脾相称或蜂多于脾（图2-95）。

图2-93　蜂少于脾　　　　　图2-94　蜂多于脾（隔板上
　　　　　　　　　　　　　　　　　爬满蜜蜂）

图2-95　蜂脾相称

图2-96 整齐的幼虫

3.蜂王产卵情况 蜂王一般在蜂群中间的巢脾上活动，因此观察蜂王及其产卵情况可以抽查中间巢脾。若检查的巢脾上未见蜂王，但有卵或幼虫整齐、发育良好，则说明蜂王存活，不必再查王（图2-96）。若巢脾上只有虫蛹而无卵，则有可能是失王，如果脾上蜂房内的卵东倒西歪，且有一房多卵的情况，则说明蜂群失王已久，工蜂已产卵。若蜂王还在，但体型瘦小，产卵圈小，产卵不整齐，则说明蜂王不健康，需换新王。

4.幼虫发育情况 抽取中间巢脾，观察虫龄是否一致，若虫体饱满白嫩，虫龄结构一致，或封盖整齐，则说明幼虫发育正常（图2-97）。若虫龄结构不一致，卵、各龄幼虫、封盖子交错排列（即"花子"脾），或幼虫体色发暗并有死虫，说明幼虫发育不良或有病（图2-98）。

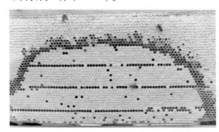

图2-97 健康、整齐的工蜂封盖子脾

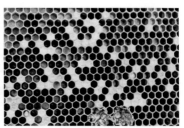

图2-98 "花子"脾（幼虫发育不良或有病）

三、巢脾建造、保存与调整

巢脾是蜂群贮存蜂蜜、花粉，蜂王产卵及工蜂培育幼蜂的场所。巢脾在使用过程中会老化、染病、遭虫害，因此养蜂生产中应适时建造新脾，更换老脾、旧脾（图2-99），销毁病脾、老脾、坏脾，保存好脾。

好脾的标准是巢脾较新，颜色较浅，不发黑，整张巢脾均为工蜂巢房，没有雄蜂巢房，脾面平整，没有巢虫危害的痕迹（坑洼不平）（图2-100）。

（一）造脾时机

蜂群造脾会消耗大量的饲料，因此只有在外界流蜜期或进行补助饲喂时，当蜂群群势达到3脾以上，蜂群中青、幼年蜂多，进蜜充足，巢框上梁或隔板外出

图2-99 老化、破损的巢脾

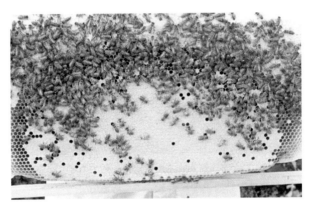

图2-100 整齐完整的新巢脾

现白色蜡点或赘脾，即可加础造脾，用于扩大蜂群群势、储存蜂蜜以及更换老脾等（图2-101、图2-102）。

（二）造脾方法

在造脾前须将箱内老化、无子的巢脾取出，以保持巢内蜂数密集。若老巢脾上剩余一些饲料，可将老巢脾暂时放在隔板外，待饲料被蜜蜂清理干净后再取出，割脾化蜡。加础造脾的具体操作如下：

（1）在加础造脾前，先将巢础安装在巢框上。取空巢框（图

图2-101　巢框上已造赘脾，
隔板外有蜂，应加础造脾

图2-102　造好的新巢脾

2-103），将24～26号铁丝穿过巢框上的孔洞，并拉紧固定（图2-104）。也可使用绷框器固定铁丝。固定好铁丝后，取巢础片使其上下穿插于铁丝间，并使上端嵌入上框梁的凹槽（巢础沟）内（图2-105），然后平铺于一块大小合适的木板（托脾板）上，用埋线器将铁丝压进巢础片内（图2-106）。

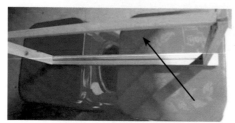

图2-103　空巢框(箭头所指
为巢框上框梁腹面的巢础沟)

图2-104　在巢础框上侧条的
小孔中来回穿铁丝，并拉紧固定

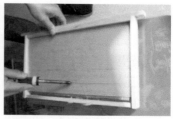

图2-105　安装巢础片，将巢础放
入巢础沟内

图2-106　将巢础安放在巢框
上，放于托脾板上，用埋线器压
住铁丝，将铁丝压进巢础片内

（2）做好的巢础框一般加在边脾与隔板之间，即蜂巢的边缘。若蜂群强、蜜蜂密集，可将巢础框放在靠近隔板内侧第二脾的位置上（图2-107）。待蜂群造好脾后，再将造好的新脾加到蜂群中间，让蜂王产卵（图2-108）。加础时通常一次只加一脾，待造好一脾，再加下一脾。若无大蜜源泌蜜，需要造脾时，应每晚对加础造脾的蜂群进行奖励饲喂，连喂三晚，以利蜂群造脾。

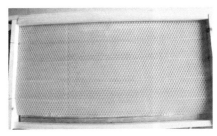

图2-107　已安装好巢础的巢框

图2-108　将安装好的巢础加入蜂群内让蜂群造脾

（三）巢脾的消毒及保存

蜂群中取出的巢脾，应分类处理。染病的巢脾必须及时销毁，以免感染其他蜂群；黑色旧脾不宜再使用，可将其熔化回收蜂蜡（图2-109）；秋季抽出的全蜜脾、半蜜脾、粉脾可作为蜂群越冬和下一年繁蜂的饲料。巢脾保存前应先用升华硫熏蒸1～2次以消毒、灭虫，然后将其分类放于空继箱内，叠加存放于阴凉、干燥、密闭的房间内。巢脾也可以放置于冰柜中，冷冻贮存（图2-110）。

图2-109　黑色旧脾

图2-110　贮存在冰柜中的空巢脾

（四）蜂群内巢脾的位置及调整

活框饲养的蜂群中，虫卵脾需放中间，封盖子脾在虫卵脾两侧，蜜粉脾放在边缘。脾与脾之间的距离叫作脾距或蜂路，繁殖期脾距以8～10毫米为宜(即一个拇指宽，图2-111)，流蜜期可增加至12～15毫米，以利蜜房加高，多存蜂蜜。脾距过宽，不利蜂王产卵，易形成夹层脾（图2-112）。

图2-111　正常的脾距

图2-112　脾距过宽时蜂群造的夹层脾

四、蜂群饲喂

蜜粉源缺乏季节，蜂群越冬、越夏前，防止蜂群缺蜜死亡或飞逃；大流蜜前提前培育适龄采集蜂，壮大采蜜群群势，都要对蜂群进行饲喂。饲喂的饲料一般包括糖、花粉、水，如有必要还应喂盐。

无论是缺蜜还是缺粉，蜂王不产子，工蜂不育子。

（一）喂糖

喂糖可喂白糖或蜂蜜，一般分为补助饲喂和奖励饲喂两类。

1.补助饲喂　又称救济饲喂。缺蜜季节，巢内存蜜不足，或越冬前未采足所需饲料，需要对蜂群进行补助饲喂，防止蜂群缺蜜死亡或飞逃（图2-113）。

（1）糖水比例　补助饲喂的糖水要浓稠，一般以3～4份蜂蜜或2份白砂糖配1份水为宜。白糖要熔化，蜂蜜要消毒，因此需要加温慢火熬制，放至冷却后饲喂。用电热保温桶化糖，将白糖按比例放入桶中，通电加热即可（图2-114）；也可用开水冲入放糖

图2-113　因缺蜜而饿死的蜂群

的大锅中，不断搅拌而成。

（2）饲喂时间与方式　如将糖水灌装在饲喂槽或518饲喂器中饲喂，则要在傍晚或夜间进行，每天饲喂的量控制在当晚搬完为宜，否则可能引起盗蜂。喂后第二天早晨查看，如有盗蜂，蜂群内喂的糖水一定还有剩余，应立即撤出，傍晚再喂（图2-115至图2-118）。若将糖水装在塑料保鲜袋中饲喂，也可

图2-114　用电热保温桶化糖

图2-115　傍晚进行喂糖　　图2-116　将熬好的糖水灌装在塑料保鲜袋中

图2-117 傍晚掀起箱盖一头，
将糖袋放在上框梁上

图2-118 用针在糖袋上端扎几个
小孔，然后盖好箱盖让蜂群搬运糖

在白天进行。补助饲喂一般以喂至巢框上部有2～3指宽的蜜脾即可，但越夏、越冬前的饲喂量应比上述饲喂量至少增加一倍，每脾有封盖蜜1.5～2千克。

对于弱群补饲，最好使用现成蜜脾，如没有，则可先喂足强群，之后再从强群抽调蜜脾给弱群，以防盗蜂。

2.奖励饲喂 在蜂群的繁殖期，即使蜂群内有存蜜，也要进行奖励饲喂，目的是刺激蜂群，使其兴奋并造脾，增加蜂王的产卵量和使蜂群积极哺育幼虫。

（1）糖水比例 奖励饲喂的糖水浓度为50%，即1份蜂蜜或白糖配1份水熬制。

（2）饲喂用量与时间 奖励饲喂应少量多次，糖水不宜过多过浓，以免造成"蜜压子"，反而影响蜂王产卵，限制蜂群繁殖（图2-119、图2-120）。每天或隔天喂糖一次，饲喂时间的长短应

图2-119 蜜太多，压缩子圈

图2-120 喂糖过多，造成子脾
中房巢内也有糖浆，妨碍蜂王产子

根据当地、当时蜂群及蜜源情况而定，外界缺蜜、群内蜜少则喂，外界有蜜源、群内蜜多则停喂。

（二）喂花粉

花粉是蜜蜂的蛋白质来源，巢内缺粉，蜂王不产卵，工蜂不育虫。蜂群繁殖期，外界花粉供应不足或连续阴雨时，需要饲喂花粉或代用花粉（图2-121）。

1.饲喂天然花粉

（1）将购买的干花粉加少量温水浸润半天至搓散无干粉团（图2-122）。

（2）将搓散后的花粉平铺在蒸隔的纱布上，蒸10分钟并冷却后使用（图2-123、图2-124）。

图2-121　花粉

图2-122　花粉加适量水后用手搓散

图2-123　上甑子后的花粉用筷子插些通气孔

图2-124　上甑子或在蒸锅中蒸10分钟

（3）蜂蜜煮沸消毒（图2-125），并撇去浮沫备用（图2-126）。取适量蜂蜜倒入花粉拌匀，花粉团应稀软而不烂，然后揉搓成条状或饼状，置于上框梁上供蜜蜂取食（图2-127、图2-128）。

图2-125　蜂蜜煮沸消毒

图2-126　将煮沸消毒后的蜂蜜撇去浮沫备用

图2-127　消毒后冷却的花粉加入适量消毒的蜂蜜，搓成条状或饼状

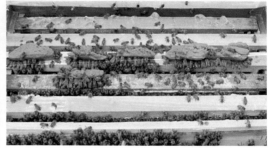

图2-128　在框梁上饲喂花粉条

2.饲喂代用花粉　代用花粉使用方便，相对安全，按产品说明加工饲喂即可（图2-129）。用量同人工花粉。

（三）喂水和盐

蜜蜂维持生命活动离不开水，在早春繁蜂或气候炎热、干燥的季节，蜂场附近没有干净的水源，应放置水盆给蜜蜂喂水。在水盆中投入干树枝或干稻草供蜜蜂站立吸水（图2-130）。

早春繁蜂外界温度较低时，为防止蜜蜂外出采水被冻僵，可

图2-129 代用花粉

图2-130 蜂场添加水源供蜜蜂采集

以在巢门前用518饲喂器喂水，也可将水倒入盒式饲喂器内。

喂盐可与喂水同时进行，食盐浓度应控制在0.1%～0.5%，浓度过高会引起蜜蜂死亡。

五、自然分蜂

当蜂群群势达到一定程度后（华南、海南、滇南中蜂发展至4～5框，其他中蜂7框左右），蜜蜂会发生自然分蜂。自然分出的蜂群首先会落在原群附近的树干或其他附着物上，等待侦查蜂寻找合适的新居。此时应尽快收捕分蜂团，收蜂操作步骤如下：

（1）收捕分蜂团时将收蜂笼或巢脾等置于分蜂团上方，使用蜂刷轻轻驱赶蜜蜂上笼（图2-131至图2-133）。

图2-131 在树上集结的分蜂团

图2-132 在分蜂团的上方安放收蜂笼

图2-133 用手或蜂刷轻揉蜂团，催蜂上笼

（2）准备一个空蜂箱，从其他群中调一子脾、一蜜脾置于蜂箱中，放好隔板，调好蜂路，关闭巢门，放于新址（图2-134）。

（3）取下收蜂笼，将收取的分蜂团抖落在蜂箱内，迅速盖好纱盖和箱盖，2～3小时后催蜂上脾，打开巢门（图2-135至图2-137）。隔天检查蜂脾比例是否相称，视情况进行调整。

（4）收蜂后及时检查分蜂群的原群，抽出多余的巢脾，掐掉多余王台，只保留一个发育最好、成熟的王台，新王出房交尾后即成为一个新的独立的蜂群。

图2-134　调子脾和蜜脾于空蜂箱内，迎接分蜂群

图2-135　分蜂群已基本上笼，从树上取下收蜂笼

图2-136　将收蜂笼中的蜂群用力抖入准备好的蜂箱内

图2-137　将分蜂群抖入蜂箱后，迅速盖好副盖和箱盖

对结团在树上的分蜂团，也可用尼龙网兜收取蜂群，然后将蜂群放入从其他蜂群调脾的蜂箱中，并盖好箱盖及安装防逃片（图2-138至图2-145）。

六、飞逃

飞逃是蜜蜂对恶劣的生活条件所做出的反应，如蜜粉源匮乏季节巢内饲料短缺、病敌害侵扰（图2-146）、盗蜂严重、环境嘈杂、位置不良（如夏季日晒强烈）等均会导致蜜蜂飞逃。

图2-138　等待蜂群完全结团

图2-139　尼龙网套住整个分蜂团

图2-140　晃动树枝，使整个分蜂
团掉入尼龙网中

图2-141　大部分蜂群掉入尼龙
网后迅速扎紧

　　蜂群飞逃前通常会出现一些征兆，如工蜂出巢不积极，回巢带粉蜂少，群内缺蜜缺粉，子脾稀少等。当出现这些征兆时，应认真分析原因，提前采取措施预防，如给蜂王剪翅、补蜜补粉、补子脾、遮阴防晒、治病防虫、拍打胡蜂、制止盗蜂、改换

图2-142　准备蜂箱（从其他群调入子脾）

图2-143　抖蜂入箱

图2-144　迅速盖好箱盖

图2-145　安装防逃片，防止蜂王外出再次分蜂

位置等。

飞逃与分蜂不同，分蜂是老王带部分工蜂飞出，而飞逃是全群弃巢而逃。一旦发现飞逃，应立即关闭巢门，（傍晚查看蜂群，并作相应处理），并向蜂群飞逃的方向洒水或撒土，诱使蜂群就近落下。若飞逃群已就近结团，应将其收捕（图2-147），并从其他群调子脾、蜜脾调给该飞逃群，另址安放。若发现失王，则应并入其他群。

图2-146　病敌害侵扰

图2-147　用现成的巢脾接收飞逃结团在树上的蜂群

七、人工育王及自然王台的利用

图2-148　王台中的蜂王

蜂王和工蜂幼虫均由受精卵发育而成，如幼虫在工蜂房中长大，就是工蜂，而幼虫在王台中长大，就会变成蜂王（图2-148）。人工育王即采取多种技术手段人为地将工蜂房中的幼虫移植到人工王台中，培育成蜂王。人工育王可选用性状优良的蜂群作为种群，同期培育一定数量的蜂王，用于替换产卵力低下的老蜂王，分蜂扩场，补充损失的蜂王以及推广优质蜂王。人工育王要求在外界蜜粉源充足，天气温暖且稳定，蜂王出房交尾期中午气温在20℃以上，有足量的健壮雄蜂出房时开展。如果蜂王交尾期正处于当地的梅雨季节，则最好暂时不要育王。

（一）人工育王前的准备

1.选择种用蜂群　种用父群、母群的选择一般应满足以下条件：

（1）蜂王体型大、产卵力强，卵圈大而整齐，蜂群的群势发展快。

（2）工蜂采集力强，蜂蜜产量高。

（3）群势强，不易分蜂。种用蜂群要选择能在当地自然条件下维持较大群势、分蜂性弱的蜂群，这类蜂群的蜂箱如图2-149至图2-151所示。

图2-149　有8框蜂的郎氏箱

图2-150　加浅继箱的郎氏箱（下面7框，上面4个浅框，总计11框蜂）

图2-151　有11框蜂的郎氏横放箱（又称12框中蜂箱）

（4）抗病力强。蜂场内疾病流行时，发病较轻或未感染疾病的蜂群可以作为种群。

（5）性情温顺、不喜蜇人。选用性情温顺，若非受到惊扰不会轻易离脾蜇人的蜂群作为种群。

2.培育适龄雄蜂　因雄蜂与蜂王从幼虫发育至性成熟的历期不同，所以应在育王前20～25天开始培育种用雄蜂，从而使蜂王与种用雄蜂的性成熟期一致，顺利完成交尾。培育适龄种用雄蜂时，应在父群中插入雄蜂巢础或只有上半部的巢础，让工蜂造雄

图2-152 割雄蜂脾

蜂脾培育种用雄蜂，并及时处理非种用蜂群中的雄蜂幼虫和成年雄蜂（图2-152）。

3.组织育王群 中蜂育王群的群势应在5～8框，且最好有分蜂或蜂王自然交替的迹象，蜂群内还应有大量6～8日龄的泌浆青幼年工蜂。

移虫的前一天组织育王群，用隔王板将蜂群分隔成两区，分别作为育王区和繁殖区。在繁殖区放1张蜜粉充足的封盖子脾和1张空脾供蜂王产卵。在育王区放4～5张巢脾，两边放2张蜜粉充足的封盖子脾，中间放2张卵虫脾，将育王框置于卵虫脾之间（图2-153至图2-155）。

图2-153 用卡钉枪和大闸板或加铁纱网的框式隔板，将蜂群分隔为育王区和繁殖区，分别各设一个巢门

图2-154 上面2框为繁殖区，下面5框为育王区

图2-155 在育王区内放育王框

除上述方法外，还可以在选择育王群后，将群中的蜂王关入王笼中，用细铁丝吊在边脾上；或关王后提离本群，寄养在其他蜂群内，使用无王群哺育蜂王。

育王结束，提取育王框后，分成两区的育王群可采用并群的方法，混合群味，抽出闸板，将其重新合并为一群。本群内关王的育王群，在提取育王框后，可放出老王继续产卵。用无王群育王的蜂群，最好加入产卵蜂王，以免长期无子造成群势下降。

（二）人工育王的方法

1. 人工移虫育王

（1）工具　包括弹簧移虫针、小镊子、育王棒、育王框、纯蜂蜡、塑料王台基（图2-156）。

图2-156　人工育王工具（左：弹簧移虫针；中：塑料王台基；右：育王框）

（2）操作步骤

①制作台基（人工蜡碗）　将洁净的蜂蜡放入耐热容器中加水熔化。使用育王棒蘸蜡前，需要先蘸冷水，以便脱杯，然后连续竖直插入蜡液中2～3次，插入深度为第一次1厘米，其后每次深度递减，使口薄底厚，之后再插入冷水中，待蜡液冷却凝固后将蜡碗从王台棒上取下（图2-157至图2-160）。制作人工蜡碗时也可只蘸一次蜡液，做成较浅的蜡杯。无论是深的蜡碗，还是浅的蜡杯，只要移虫质量好，蜂群都可以接受。

②制作育王框　育王框的结构类似巢框，框架内排列有可以翻转的3根木条，木条两侧用铁钉钉在侧条上，用于粘蜡碗。将木条转动至平面，用事先准备好的小木片或者将塑料打包带剪成斜方块，用竹签蘸熔蜡，点在木板背面，将其均匀地粘在木条上，

图2-157　将蜂蜡放在碗中加热熔化

图2-158　先用育王棒在碗中蘸冷水，甩干后在熔蜡中蘸取蜡液

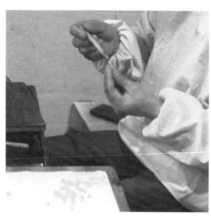

图2-159　用手从育王棒上取下冷却的蜡碗

图2-160　做好的人工蜡碗

此后再将人工蜡碗粘在小木片上，以便王台成熟时将木片（或塑料斜方块）连王台取下，介绍给蜂群（图2-161至图2-163）。每根木条可粘7～10个蜡碗，每个蜡碗相距约1厘米，即每个育王框粘20～30个蜡碗为宜（图2-164）。粘好蜡碗后将木条翻转，使蜡碗口垂直向下。将制作好的育王框放入育王群中让蜜蜂修整2～3小时或半天后备用。

（3）移虫　从育王群中取出经蜂群打扫后的育王框，同时从种群中挑选合适的子脾（有大量1～2日龄幼虫），带回温暖、明亮、无风的室内。用移虫针将巢脾中的小幼虫转移至蜡碗中。第一次移虫时，先用移虫针蘸少量脾上的蜂蜜，点在每一个蜡碗中，然后将移虫针顺着巢房壁插入巢房底（但不要刻意有挑虫的动作，否则会损伤幼虫），当上提移虫针时，由于表面张力的作用，工蜂幼虫会随着巢房底的幼虫浆一起被提出巢房，此时将虫移送到育王框的蜡碗处，靠近蜡碗壁，食指轻压弹性推杆，使推杆下行，连浆带虫推入蜡碗底，每个蜡碗只移1条幼虫。移虫时动作要轻柔、准确，一次成功。整个移虫过程最好不要超过30分钟。晴天气温高时可在户外移虫，气温低时应在室内移虫（图2-165至图2-170）。移虫完毕后迅速将育王框放回育王群，第二天检查蜂群对王台的接受情况（图2-171、图2-172）。

图2-161 准备好足够的蜡碗后，用育王棒套取做好的蜡碗

图2-162 用育王棒套取蜡碗后，在底部蘸熔蜡将其粘在木片上

图2-163 用竹签蘸取熔蜡加在蜡碗底部，使蜡碗与小木片粘牢

图2-164 已粘好蜡碗的育王框

图2-165　用移虫针在幼虫脾中挑取幼虫

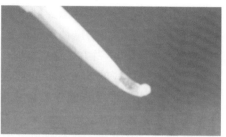

图2-166　从幼虫脾中移出的幼虫

图2-167　将挑取的幼虫放入蜡碗

图2-168　将移虫针的舌片靠近蜡碗壁，此时食指轻压弹性推杆，使推杆下行，将幼虫推入蜡碗底，移虫完成

图2-169　晴天气温高时可在户外移虫

图2-170　气温低时，应在室内移虫，光线不足可戴头灯

图2-171 移虫完毕，将活动木条旋转90°，使蜡碗口与地面垂直

图2-172 将移虫完的育王框放入育王群中哺育

为了提高育王接受率及育王质量，人工育王通常采取复式移虫的方法，即经过两次移虫。第一次移虫时可移稍大一点的幼虫，以提高蜂群对王台的接受率。第一次移虫24小时后，取出育王框，将已被接受的幼虫用小镊子全部夹出，再重新移入蛋清色、不超过1日龄的幼虫培育蜂王。如果第一次移虫蜂群对王台的接受率不高，可用新的蜡碗更换育王框上被工蜂破坏的蜡碗，取一些已接受王台的蜡碗中的王浆放入新蜡碗中再移虫，以便提高王台的成功率。

（4）管理育王群 移虫完毕将育王框放入育王群后，注意对蜂群进行保温，并连续3天对育王群进行奖励饲喂。在第二次移虫插框的第2天，统计被接受的王台数量；第4天，剔除歪斜、过小的王台；第8～9天，统计被蜂群接受的人工王台的数量，开始组织交尾群（图2-173）。

2.切脾育王 人工育王除了上述人工移虫育王的方法外，对于年

图2-173 人工移虫后被蜂群接受的人工王台

纪老、视力不好或初学养蜂者，也可采取切脾育王的方法。实行切脾育王时，最好将老王提走，以提高王台的接受率。

当蜂群在流蜜期产生分蜂热，出现雄蜂和王台基时，可在本群或选定的种蜂群中，挑选脾卵和幼虫多的巢脾，用刀在卵和刚孵化幼虫的交界处，将巢脾的下部削除，让卵和幼虫暴露在切口处，这样工蜂便会在切口处建造王台（图2-174至图2-176）。将此脾放于巢内，靠在幼虫脾旁，并在之后的数天内奖饲蜂群。王台封盖后，从中挑出台大型正的王台备用。

图2-174　巢脾切削方法（箭头所指为切口方向）　　图2-175　切削后建造王台处　　图2-176　巢脾切口处建造有10多个王台（圆圈所示）

（三）利用自然王台

起分蜂热的蜂群在流蜜期，会在蜂群中造自然王台，有时由于位置好（离下框梁距离较远），自然王台中也有台大型正的，可保留备用。待王台成熟后，将其割下介绍到交尾群中，培育新王。

割台时要用锋利的小刀将王台基部割下，割的范围要宽一些，以免损伤王台后蜂王不能羽化（图2-177）。

图2-177　割取王台

（四）交尾群的组织及管理

交尾群是指介入成熟王台后，供处女王出房、交尾而临时组织的蜂群。

　　在介入王台前 1 ～ 2 天应组织好交尾群，从强群中提出 1 个封盖子脾、1 ～ 2 个蜜粉脾和 2 框左右的工蜂，组成一个交尾群（图2-178、图2-179）。

图2-178　从蜂群中提脾组织交尾群，原群中留老王

图2-179　将交尾群搬到蜂场目标明显的地方，次日介入王台，以利处女王出房后顺利交尾回巢

　　在移虫的第 10 天，从育王群中取出育王框，始终保持王台竖直向下，此时不能抖蜂，避免伤及稚嫩的蜂蛹，只能用蜂刷轻轻刷掉围在王台上的工蜂，选取端正、粗壮的王台，轻轻取下。取下的王台可放置在两个巢框的上梁之间，气温较低时，也可将王台安放在巢脾的中下方，在交尾群预备插入王台处，稍用力将巢脾压塌陷一些，然后将王台固定在巢脾上，保持端部朝下，将此脾安放在蜂巢中部，以利蜂王顺利出房（图2-180至图2-184）。

　　在介入王台前一定要仔细检查交尾群，彻底清理交尾群中的急造王台。否则，育成的新王会被急造王台的劣质处女王杀死，引起不必要的损失。

　　介入王台后 2 ～ 3 天，应观察王台的接受情况是否正常以及出房的处女王是否正常。处女王出房后 6 ～ 13 天，可通过观察新王腹部判断交尾是否成功，交尾成功的蜂王腹部膨大，行动迟缓，未交尾的蜂王腹部没有明显变化，爬行快，行动轻桃。如果不是

图2-180 正常出房的王台其顶端有整齐的开盖；不能正常出房的王台其顶端没有开盖，通常王台内幼虫已死，不能化蛹

图2-181 从育王框上取下成熟王台

图2-182 取下的成熟王台介入交尾群中，带有小木片的成熟王台可放在两个巢框的上梁之间

图2-183 嵌入王台

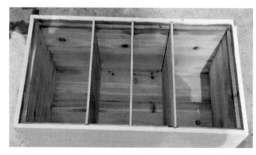

图2-184 用大闸板将蜂群分成3～4区，每区放蜂2框，各从一个方向开门，这样一次可成功培育3～4个新王（在大闸板顶部要用覆布盖住，并同卡钉枪固定，每区均可掀开检查，各区不相通）

因气候原因，超过13天未成功交尾的处女王应淘汰。如果交尾期间阴雨天多，气温低，影响蜂王交尾，可延期5～7天，视情况再作处理。蜂王出房8～15天，检查新王的产卵情况，若在外界蜜源条件和环境正常的情况下新王产卵不正常，应及时更换蜂王。如果新王交尾失败未归，蜂群失王，应及时介绍产卵王或与其他有王群合并，或者从其他蜂群内提一张封盖子脾补给交尾群，继续介绍成熟王台，延续交尾。

八、人工分蜂

人工分蜂是利用自然产生或人工培育的蜂王，人为将一群蜂分为两群甚至多群的过程。需要进行人工分蜂的情况一般有以下几种：蜂群产生分蜂热，为避免损失可在蜂群自然分蜂前对其进行人工分蜂；大流蜜期，蜂群繁殖较快，需人工分蜂以扩大蜂场规模；以出售蜂群为主要收入来源的蜂场，在气候适宜的季节并有雄蜂时可进行人工分蜂。人工分蜂一般是在育有人工王台或蜂群中出现自然王台时进行。

（一）均等分蜂和不均等分蜂

按分蜂的脾数划分，可分为均等分蜂和不均等分蜂。

1. 均等分蜂

（1）分蜂一般在蜂场有人工成熟王台（王台头部发红）或蜂群中有自然王台封盖时进行。

（2）分蜂时，先将分蜂群蜂箱向一侧移动半个蜂箱的位置，空出的位置放另一个空蜂箱。

（3）打开原群蜂箱，寻找蜂王，找到后将蜂王带脾提到空箱内，然后从原群中提出一半的蜂脾到新箱中，使两箱蜂脾相等。检查新箱内有老王的蜂脾，如有王台应及时清理。

（4）原群经分蜂后无蜂王，需多留子脾并保留一个台大型正的王台用于培育新蜂王。新王出房、交尾、产卵后，原群就独立成一群。若群内无王台，分蜂后第2天，可利用王台保护器将人工培育的或其他蜂群内的成熟王台介绍到原群中（图2-185）。

图2-185　用王台保护器给无王群介绍蜂王

分蜂的原则是有王不能有台，有台则不能有王。

（5）分蜂后当天及次日应注意观察，若两个蜂群的蜂量不平衡，应将蜂多的一群向外侧移动，使回巢的蜜蜂飞到蜂量少的蜂箱内，保持两个蜂群蜂量平衡（图2-186、图2-187）。

图2-186　分蜂时，一般将蜂群一分为二，两箱蜂脾各占原群一半

图2-187　分蜂后，根据蜂群进出蜂的多少，适当调整箱位，让两箱蜂进出的数量基本平衡，不偏蜂

2.不均等分蜂　在大流蜜期，为防止因分蜂导致群势减弱，影响产量，也可采取不均等分蜂的方式，将蜂群一分为二。不均等分蜂是将原群分为强、弱两群，老蜂王留在脾数少的弱群（1个蜜脾，1个子脾）作为繁殖群，搬到其他位置。原址放强群，介入新产卵王或成熟王台作为生产群。为防止分出群中老蜂飞回原群，应在分蜂时多抖一脾蜂在分出群内。若分蜂老蜂回巢，剩余蜂量仍不足以护脾，则可趁晴天中午老蜂外出采蜜时，将原群中的幼蜂抖入分出

群，增加分出群中的工蜂数量，之后即可参照日常管理。

（二）原地分蜂、同场分蜂、异地分蜂

按分出群放置的位置划分，可分为原地分蜂、同场分蜂和异地分蜂三种方法。

1.**原地分蜂** 是指在分蜂群的原址进行分蜂（图2-188、图2-189），分蜂方式见前文。

图2-188 原地分蜂后，为避免新王错巢被杀，可在新王群巢门前贴黄、紫、蓝等颜色的纸（红色除外，蜜蜂为红色色盲），以帮助新王认巢，同时也可将隔壁的老王群巢门调为防逃模式或安装隔王片，防止新王错巢

图2-189 原地分蜂也可采取一高一低，或一前一后的搭配方式，以便新王交尾认巢

2.**同场分蜂** 是指分为两群后，分出群不放在原地，而是搬到本场的其他位置。一般分出群多为老蜂，为避免老蜂返回原群，分蜂时应多抖一脾蜂在分出群内。

3.**异地分蜂** 是指分为两群后，将分出群（一般是交尾群）搬到离蜂场1～2千米远的地方安置。异地分蜂的优点是避免回巢蜂飞回原群，造成蜂群群势不平衡；分蜂后蜂群能较快恢复稳定。待新王交尾成功后，也可将搬到外面的蜂群再迁回本场安置。

九、蜂群合并

蜂群合并是指将两群蜂合并为一群蜂的过程。一般2框以下的

蜂群，因群势弱，影响春繁效果或不能安全越冬，应合并。蜂王衰老、失王的蜂群，也要及时合并。

蜂群与蜂群之间群味不同，是并群的障碍。若处理不当，会导致两群工蜂互斗，甚至围杀蜂王。因此，不论用什么方法合并蜂群，目的都在于混合两群的群味，这是并群成功的关键。

（一）并群的注意事项

（1）并群是无王群并到有王群，弱群并入强群。如果是群势较强的失王群，可以将其拆分，分别并入其他蜂群。

（2）如合并的两群均有蜂王，须在合并的前一天，杀死或提走被并群的蜂王，或将被并群的蜂王关在王笼内（图2-190）。

（3）被并群中的巢脾，应在合并当天（白天）仔细检查，并摘除所有王台，然后将所有巢脾提到蜂箱中间，撤出多余的巢脾及隔板，使蜜蜂集中到少数脾上（图2-191），以便傍晚提蜂合并。

图2-190　并群前先将被并群的蜂王关在王笼内　　图2-191　将所有巢脾提到蜂箱中间

（4）合并应在傍晚外勤蜂全部归巢后进行，操作时动作要轻稳敏捷，避免过度惊扰蜂群。缺蜜、盗蜂严重的季节，若主群较弱，被并群较强，可减去1张主群内的巢脾，让蜂数密集，以保护蜂王。

（5）并群后应将被并群的蜂箱搬离原址，避免次日部分老蜂返回原箱，影响并群效果。

（6）并群后次日再仔细检查一遍并过来的巢脾，如发现急造王台，要尽数清除（图2-192）。

图2-192　清除巢脾上的急造王台

（二）并群的方法

1.间接合并

（1）继箱合并　白天在主群蜂箱上放一空继箱，继箱与巢箱之间用铁纱副盖相隔（图2-193）。傍晚将处理好的被并群搬到主群旁，打开蜂箱，连蜂带脾一起提到继箱内，置于主群巢脾的上方，然后盖严副盖、箱盖，不让被并群的工蜂出入（图2-194）。待两群群味吻合后，第2天傍晚，抬起继箱并取出巢箱上的副盖，将继箱中的蜂脾移至主群隔板边，再将隔板抬起，移至边脾旁放下，即合为一群。

图2-193　在主群蜂箱上放一空继箱，继箱与巢箱之间用铁纱副盖相隔

图2-194　将被并群连蜂带脾一起提到继箱内

（2）巢箱合并　如果没有继箱，可用一块外包铁纱或报纸（报纸应用钉子戳些小孔）的立式隔王板，用卡钉枪将其固定在主群蜂箱的中部（图2-195）。然后将主群的蜂脾移至隔王板旁。傍晚将事先处理好的被并群搬到主群旁，连脾带蜂提出，放在隔王板无蜂的另一侧（图2-196），关闭该侧巢门1天。待两群气味混同后，于次日傍晚再将立式隔王板抽离，即合并为一群。

图2-195　将糊上报纸的立式隔王板固定在主群蜂箱的中部

图2-196　将被并群连脾带蜂放在隔王板无蜂的另一侧

2.直接合并　将经过检查、处理，无王、无台的蜂群，连箱抬放到主群旁，先用空气清新剂，从上面对准主群中的巢脾连喷1～2遍，然后将被并群的巢脾连蜂带脾提出，紧靠主群隔板旁无蜂一侧放下，也用空气清新剂从上面对并入群巢脾连喷1～2遍（图2-197、图2-198）。然后抽出隔板放到边脾旁，即合为一群。

图2-197　对主群喷空气清新剂

图2-198　对放在隔板边无王群的巢脾喷空气清新剂

使用空气清新剂主要是能迅速混同群味。如果不用空气清新剂，也可以在小喷壶的水中滴几滴风油精。这种直接合并的方式，白天和晚上均可进行。

十、调脾补蜂

调脾补蜂是蜂场经常要做的一项工作。蜂群间群势不同，为加强弱群；或组织强大的采蜜群，提高产蜜量；或调子脾给断子群、病群，纠正不正常蜂群；或给缺蜜群补蜜补粉，都需要从其他蜂群中调脾。

调蜂补脾后双方应保持蜂脾相称。当蜂场中发现有传染病时，注意只能从健康群中调脾给病群，而不能调病群中的巢脾给健康群。

1. 以强助弱　为防止强群过早产生分蜂热，并帮助弱群迅速强大，可抽强群中的成熟子脾（即工蜂正在出房或即将出房的子脾），抖蜂后补给弱群（图2-199），同时将弱群中的虫卵脾，抖蜂后交换给强群哺育。

图2-199　将强群子脾抖蜂后补给弱群

2. 以弱助强，组织采蜜群　在大流蜜到来前10～15天，如预计蜂群在大流蜜期到来时仍达不到理想的采蜜群群势（6框以上），此时可抽较弱蜂群中（即繁殖群）的封盖子脾，抖蜂后交给群势较强的蜂群，让这些蜂群迅速壮大为采蜜群（又称生产群），而将这些蜂群中造好的新脾、空脾交给繁殖群蜂王产卵，或抽虫卵脾交给繁殖群代为哺育。

3.调子脾给病群、断子群，稳定蜂群 病群群势削弱或因病需要断子治疗，应从健康群中抽调封盖子脾、蜜粉脾补给病群，防止群势下滑，并提高疗效，恢复蜂群健康。

如发现蜂群中没有虫卵脾，工蜂工作、采粉不积极，有可能发生飞逃，应从正常群中调入一虫卵脾，以防蜂群飞逃，稳定蜂群。

4.平衡群势 大流蜜期结束后，如果到下一个流蜜期还有较长的一段时间，强群积累过多的工蜂已无用武之地，此时可将强群中的封盖子脾抽出来疏散给弱群、新分群，或用封盖子脾与弱群、新分群中的空脾、虫卵脾对调，以使全场蜂群均衡发展。

5.组织育王群 为了提高育王质量，通常需要组织6框以上的蜂群作为育王群。如蜂场中蜂群群势达不到此标准，可从其他蜂群中补蜂补子（封盖子），组织育王群。

过去蜂群间调脾补脾，通常指调子脾或蜜粉脾，从调出群抽脾抖蜂后直接调到需要补脾的蜂群中即可。但由于只调子脾见效慢，可在调脾的同时连蜂一起补入，即调脾补蜂。调脾补蜂必须混同群味，方法与并群时相同。先确定补子补蜂的双方——补蜂群和被补群，然后根据需要补入，经检查无王、无台的蜂脾连蜂带脾放入空蜂箱中（最好是轻便的运脾箱），搬到被补群旁，打开箱盖，用喷壶将带有气味的液体（如空气清新剂，或滴有几滴风油精的水），从上面对准被补群的巢脾喷雾，然后将要补入的蜂、脾紧靠隔板处放置对其喷雾，混合两边群味，然后抽出隔板，转放在边脾旁即可。用这个方法，可以用多群抽蜂抽脾补一群，也可以用一群（强群）抽蜂抽脾补多群，任意调配，补到需要的脾数为止，非常方便、有效、快捷。

注意，调脾补子在抖蜂后直接进行即可，无须使用空气清新剂调整群味。但补蜂补子就必须用空气清新剂混同群味，否则会因群味不同而围杀主群的蜂王，具体方法与直接合并时相同。

十一、蜂王剪翅、关王、贮王、介绍蜂王及换王

（一）蜂王剪翅

为防止蜂群意外分蜂引起损失，削弱采蜜群群势，给收蜂造成麻烦，一般进入大流蜜期时，要对超过1年龄的蜂王剪翅。剪翅时捏住蜂王胸部（切记不能捏蜂王腹部），然后用小剪刀将蜂王的一侧前翅剪去1/2或1/3（图2-200、图2-201）。当蜂群发生分蜂时，由于老王剪翅后飞行距离较短，可以就近收回分出群或工蜂自动回归本群。

通常捉王剪翅不太方便，容易损伤蜂王，所以可采取"飘剪"或"掠剪"的方式，对蜂王剪翅。具体方法是在巢脾上发现蜂王后，将巢脾一角依靠在巢箱上，将有王的一面朝着操作人员，然后手疾眼快，用剪刀迅速对准蜂王一侧翅膀（前翅），通过先俯后仰的动作，剪去一侧前翅的1/2或1/3，如两人配合更好，一人提脾，另一人剪翅。为了提高剪翅的准确性，可先用工蜂练习，等熟练后，再给蜂王剪翅。这样剪翅比捉王剪翅效率更高，且不易损伤蜂王。

图2-200　捉王后用小剪刀给蜂王剪翅

图2-201　用小剪刀"飘剪"蜂王翅示意（箭头所示为剪的方向）

（二）关王和贮王

组织育王群、实行有王换王、介绍蜂王、实行无虫化取蜜、贮存多余蜂王或给蜂群治病时扣王断子，都需要将蜂王关闭在王笼中。

1.关王　也称扣王。蜂王笼的种类较多，一般选择市售可调

式塑料王笼即可。关王前，先打开王笼一侧的活动盖板，捏住要关闭的蜂王胸部或翅膀，将其从开盖处放入王笼，盖严盖板即可（图2-202）。

图2-202　捏住蜂王，将其关于王笼中

2.贮存蜂王　简称贮王。关王后，要将蜂王安置在蜂群内，以免蜂王冻死或饿死。如本群扣王，可将王笼的隔栅调成间距最大的贮王模式，用铁丝吊挂在蜂路中间，以便工蜂自由进出饲喂蜂王（图2-203至图2-206）。

如需将蜂王介绍、贮存到其他蜂群，应将王笼的隔栅间距缩小加密，调成介王模式，使工蜂不能进入，以免伤害蜂王，然后

图2-203　蜂王夹

图2-204　捉王时也可打开王笼盖，直接用王笼在巢脾上将蜂王扣住，待蜂王进入王笼，关盖即可

图2-205　用细铁丝将王笼吊挂
在巢脾间，防止其掉落

图2-206　关王后，将王笼贴
在巢脾的蜜房处

将王笼嵌在介王群或育王群的未封盖蜜脾上。经1～2天气味吻合后，如果笼上工蜂对蜂王没有敌意，用嘴吹气工蜂即走开，此时可打开王笼放王（在介王群中），或将王笼隔栅间距调大成贮王模式（捏住王笼两端，将内外两部分合并），以便贮王群的工蜂饲喂蜂王，长期贮王。

在夏、秋季节，用这种方式可以安全贮王2～3个月，且一个蜂群中，可同时贮存多只蜂王，以备随时调用。

（三）介绍蜂王

介绍蜂王的方法分为直接介绍、间接介绍两种，一般以间接介绍较为安全。

向蜂群介绍蜂王前，一定要事先检查并确定蜂群内无蜂王，同时彻底清除巢脾上的自然王台和急造王台。

1.直接介绍　直接介绍蜂王可用以下三种方法。

（1）对介王群作出上述处理1～2小时后，打开箱盖，用空气清新剂从上面对准蜂巢喷雾，然后在准备介绍的蜂王身上涂该群巢脾上的蜂蜜，将蜂王放到巢脾的框梁上，让其自己爬入蜂群（图2-207）。

（2）对介王群作出上述处理后，傍晚用空气清新剂从上面对蜂巢喷雾，然后提出一框巢脾，抖蜂于巢门前，趁工蜂陆续爬入巢门时，将蜂王放于巢门前，再喷一次空气清新剂，让蜂王与工蜂一起爬进箱内，也可成功介绍蜂王（图2-208）。

图2-207 将准备介绍的 蜂王放入巢脾的框梁上

图2-208 将蜂王放于巢门前，让蜂王与 工蜂一起爬进箱内

（3）在介王群的未封盖蜜脾处用手指挖一个坑，捉住蜂王放在坑内并沾一些蜂蜜，然后将蜂王放在框梁上，让工蜂舔食蜂王身上的蜂蜜，气味混合后蜂王即被接受（图2-209至图2-211）。

图2-209 将扣在蜜脾上的王笼适当 往下按，让蜂王身上沾有蜂蜜

图2-210 打开王笼盖板，放出蜂王

图2-211 工蜂正在清理蜂王 身上的蜂蜜，表示已接受蜂王

2.间接介绍　用王笼关王后，将王笼间距调小成介王模式，扣于蜂群未封盖蜜脾处，隔天观察，若王笼上的工蜂不多，对蜂王无敌意，用嘴吹气即散开，表明蜂王已被接受。此时取下王笼，打开活动盖板，立即倒扣于巢脾间蜂路上，让蜂王爬到蜂群中。

3.对贵重蜂王、邮寄蜂王的介绍　由于邮寄过程中蜂王的腹部会缩小，不易为工蜂所接受，为慎重起见，事先可从蜂群中抽出2框正在出房的子脾，连脾带蜂组成新分蜂群，待蜂王到达时，清理群内急造王台，然后用上述直接介绍或间接介绍的方法介绍蜂王。

蜂王介绍进群1天后开箱检查，若介绍的蜂王被工蜂包围撕咬（图2-212），应对围王蜂团喷烟或糖水，或用手轻轻拨动蜂团，使工蜂散开并解救蜂王（图2-213）。仔细检查被解救的蜂王，若其肢体有损伤，则不必保留；或蜂王没有受伤，行动敏捷，则可用间接介绍法再次介绍蜂王。

图2-212　围王

图2-213　用手轻轻拨动蜂团解救蜂王

（四）蜂群换王

中蜂蜂王的产卵力弱，超过1年龄的蜂王产卵力会下降，影响群势的发展。因此，生产中应不使用超过1年龄的蜂王。给蜂群培育或调入新蜂王代替老蜂王的过程，就叫作换王。

换王的时间，通常在春、秋季流蜜期（如夏季有蜜源则可以在夏季流蜜期），此时外界蜜源好，蜂群中易起分蜂热，群内雄蜂数量多，育王的质量好，蜂王交尾成功率高。

蜂群一般一年至少要换一次王，有条件的地区和蜂场，也可一年换两次。

换王通常有以下几种方法：

1.用交尾群中的新产卵王替换老蜂王

2.原群扣老王，挂王台育新王　对需要换王的蜂群，可在前一天将老王扣在王笼中（王笼调成扣王模式），吊挂于边脾处（图2-214），夏、秋季气温高，也可放于巢框下（不得放在巢框范围外，以免冻死或饿死蜂王），1天后检查巢脾，清理所有急造王台，给蜂群介绍一个成熟王台（图2-215）。新王交尾成功，则淘汰老王；交尾不成功，再放出老王产卵。

图2-214　将老王扣在王笼中，吊挂于边脾处　　图2-215　给蜂群介绍一个成熟王台

3.隔老培新，原群换王　大流蜜期，可用大闸板将蜂群分隔为大、小两个区，小区放脾2张，让蜂王继续产卵，大区为无王区，两区各开巢门（最好为不同方向的异向巢门），让工蜂进出熟悉蜂王。然后将大区巢脾上的急造王台全部清除，介绍一成熟王台。待新王交尾产子后，即可提走或杀死老王，两端喷空气清新剂，抽出闸板，合为一群。

4.原群老王剪翅，保留自然王台或在边脾介入成熟王台，实

行母女交替　外界流蜜期，蜂群内产生分蜂热，出现自然王台。此时可将老王一侧前翅剪去1/2，以防分蜂（蜂王剪翅后飞不远，蜂群容易收回，或工蜂自动回归本群），让老蜂王在巢内继续产卵。留下一粗壮的自然王台，清理较小、台型不正的王台，其余王台可取下后介绍给别的蜂群。新王交尾成功后，老王和新王会和平相处，共同产卵，这叫作母女同巢（图2-216）。经过一段时间，老王自然消失，由新王完全取代。

图2-216　母女同巢

如果蜂群内没有出现王台，在蜂王剪翅后，可用成熟的人工王台或其他蜂群中取下的自然王台，罩上王台保护器，安置在蜂群边脾的下部，也会出现母女同巢的情况。

不论采用哪一种方式换王，挂台前后都要彻底清查和摘除无须保留的自然王台（包括巢脾的下部及巢脾表面），以防意外分蜂。

为确保换王成功，人工育王的蜂场，应在第一批复式移虫后的7～8天，再培育一批备用王台，以备新王飞失或交尾不成功，重新介入新的王台。如没有准备补充王台，也可在新王出房5天后给换王群调入一块虫卵脾。一旦新王交尾失败或失王，工蜂就会在虫卵脾上改造王台重新育王，这时可选1～2个台大型正的王台留作替代王台，其余王台尽数销毁，以延续育王换王。

5.强制换王　传统蜂箱如格子箱等，不方便查找蜂王，对没有产生自然王台的蜂群，若需换王，则采取强制换王法。

换王时，在起分蜂热的蜂群中，挑选一个粗壮、型正的成熟王台（头部已红），放入王台保护器中，然后介绍给需要换王的蜂群。由于群内有老王，为防止意外分蜂，应在巢门前安装防逃片，待新王出房2～3天后，拆下防逃片。出房新王会自动寻找、杀死老王；或出巢交尾后，与老王同巢产卵，随后老王消失，完成母女交替，蜂王即由老换新。

十二、中蜂浅继箱、继箱生产

在蜜源丰富的地区，如饲养得当，蜂群群势强（或双王群），中蜂也能使用浅继箱或继箱采蜜，但由于中蜂的群势不如意蜂，一般提倡使用浅继箱采蜜。

一般当蜂群达到郎氏箱5～7框蜂量时，即可使用浅继箱或继箱，扩大蜂巢，消除分蜂热。加继箱时，在底箱与继箱之间应加隔王板，加浅继箱时则可不加（双王群除外）隔王板。布巢脾时一般下多上少（图2-217至图2-220）。

图2-217　浅继箱和浅巢脾

图2-218　巢箱（7框）和浅继箱（4框），相当于9框蜂量

图2-219　在巢箱上加上浅继箱

图2-220　加继箱生产的蜂群

加继箱、浅继箱，除扩大蜂箱容积，解除分蜂热，提高蜂蜜产量、品质外，夏季还有防暑、降温的作用；秋季可以防止蜜压子圈，有助于蜂群秋繁，多培养适龄越冬蜂等。

实行浅继箱生产的前提是要做到脾等蜂，不能蜂等脾，即需要平时事先在底箱内造好浅巢脾，或将高巢脾改造为浅巢脾，放于浅继箱中使用。若蜜源好，蜂群强，也可加浅巢础框，让蜂群直接在浅继箱中造脾。由于浅巢脾主要是贮蜜，可反复使用，最后一次取蜜后可让蜂群将浅巢脾整理干净，放于冰柜中保存。

十三、中蜂过箱及管理

中蜂过箱是指将饲养在木桶或竹笼中的蜂群，人工转移到活框蜂箱中的过程，以便于人工管理。

（一）过箱的季节及时间

过箱操作过程会造成子脾和蜜粉脾的损失，为使过箱后蜂群快速发展，顺利恢复群势，过箱需要在蜜粉源充足、气温适宜、蜜蜂繁殖的季节进行，如在春季蜂群群势恢复后及秋繁时过箱。

过箱一般选择晴天的中午前后，气温在20℃以上时进行。

计划过箱的蜂群，一般应至少有3～4框的蜂量，且应有一定数量的子脾。过箱前应准备好蜂箱、巢框、绑脾的塑料绳、喷烟壶、割蜜刀、剪刀、蜂刷、干净的脸盆、防护服、托脾板等用具。

（二）过箱的具体操作

1.驱蜂离脾　若旧蜂桶可以移动且底板或侧板可以打开，则先将旧蜂桶搬至操作台上，在原位置放一个备用蜂箱收集回巢蜂。然后将旧蜂桶的底板或侧板拆除，使蜂巢翻转，底部朝上。用木棍、小石块敲击桶壁，驱使蜜蜂离脾结团（图2-221至图2-226）。

2.割脾、绑脾上框　驱蜂离脾后，用割蜜刀将巢脾割下，放在托脾板上，注意不要损伤子脾。

图2-221　将旧蜂桶平稳地搬至操作台上

图2-222　在旧蜂桶的原处放活框蜂箱

图2-223　打开旧蜂桶的箱盖，露出蜂巢

图2-224　观察旧蜂桶中巢脾生长的方向

图2-225　按巢脾生长的方向，两人协作，翻转180°，使脾尖朝上，以免巢脾垮塌

图2-226　翻转旧蜂桶后，用木棍或小石块敲击蜂桶，让蜂离脾，在蜂桶空闲处结团

　　将巢框放在巢脾上，比照巢框的大小切割巢脾，尽量保留卵、

虫、粉脾，留少量蜜脾，弃除雄蜂脾和空脾。用刀沿巢框上的铁丝将巢脾划3～4条沟至巢脾的一半深度，将铁丝嵌入沟内。用塑料绳托住巢脾两面，捆绑在巢框上（图2-227至图2-236）。

图2-227 用割蜜刀逐块割下巢脾

图2-228 割下来的小块子脾

图2-229 将割下的巢脾放在托脾板上(托脾板大小和巢框内径相符)

图2-230 将绑好铁丝的巢框放在巢脾上，对齐上下边缘将巢脾剪裁整齐

图2-231 在处理好的巢脾上用刀沿铁丝轻划巢脾

图2-232 将铁丝压入巢脾内

图2-233　将另一块托脾板放在巢脾上

图2-234　两块托脾板夹住巢脾进行翻转

图2-235　揭去托脾板，用塑料绳从巢框两边将巢脾固定

图2-236　如巢脾不够大，可将2～3块巢脾绑在同一个巢框上

3. 抖蜂入箱　将巢脾绑好后，放入蜂箱，大块子脾放中间，小块子脾放两边，加隔板，调好蜂路，缩小巢门。将旧蜂桶内的蜜蜂猛力抖入蜂箱，盖好纱盖和箱盖（图2-237、图2-238）。旧蜂

图2-237　将绑好的巢脾逐块放入蜂箱

图2-238　所有巢脾绑好放入蜂箱后，将旧蜂桶中的蜜蜂猛力抖入蜂箱

桶内若有余蜂，应将其抖落在蜂箱前让其爬入蜂箱。

过完箱后，工具、旧蜂桶、地面均洒有蜜滴，应及时用水清理（冲洗）干净，以免引起盗蜂。

4.过箱后的管理　过箱后0.5～1小时内注意观察蜂箱外工蜂的表现，若蜂箱外飞行的工蜂很快飞进蜂箱内，则说明蜂王已在蜂箱内，不必开箱检查；若蜂箱内工蜂喧闹或纷纷飞出并在蜂箱前徘徊，应注意检查是否有小股蜜蜂在地面结团，查看蜂王是否掉落地面，如是，应赶快将蜂王放回蜂箱，稳定蜂群。0.5～1小时后，开箱检查，若蜂不上脾而在箱内其他地方结团，则用蜂刷轻扫催蜂上脾（图2-239至图2-242）。

图2-239　为避免发生盗蜂，要将旧蜂桶和地面上掉落的蜡屑残蜜用水清洗干净

图2-240　过箱0.5～1小时后检查，若发现蜂群在蜂箱一边结团，说明蜂群没有上脾

图2-241　用蜂刷轻扫，催蜂上脾

图2-242　已经上脾的蜂群，盖好副盖、箱盖

过箱2～3天后，选择下午开箱快速检查，观察是否有蜂王，工蜂是否护脾，巢脾是否粘牢，巢脾是否要修整等。若出现坠脾或脾面被破坏，应重新捆绑修整；若群内缺蜜则当晚饲喂；若蜂群失王，弱群应并入他群，强群应及时介绍蜂王或使用急造王台。

过箱3～4天后，为粘牢的巢脾除去尼龙绳；对于不平整的巢脾要削平，使蜂路通畅，清除蜡屑等箱内垃圾，此后便可按蜂群日常饲养进行管理（图2-243、图2-244）。

图2-243　过箱3～4天后，巢　　　　图2-444　过箱成功的蜂群
脾已被蜂群蜡粘牢，拆除尼龙绳

如蜂群旧巢不能移动（如墙洞蜂、仓蜂、旧房蜂）（图2-245至图2-247），且双手可以接触到蜜蜂，可先用喷烟或敲击的办法，让蜂离脾，原地割脾过箱，处理完巢脾后，再用瓢或手舀蜜蜂到活框蜂箱中。

图2-245　墙洞蜂　　　　图2-246　米仓蜂　　　图2-247　农村旧房蜂
　　　　　　　　　　　　（李萱香摄）

十四、盗蜂识别与处理

缺蜜季节容易出现盗蜂。盗蜂的特征是蜜蜂空腹进蜂巢，饱腹出蜂巢；巢门前工蜂相互抱咬、厮打，弱群巢门前异常"热闹"，巢内蜂群混乱；被盗群一般为弱群、无王群、交尾群。盗蜂严重时会造成失王或飞逃，一旦发现盗蜂要立即处理，否则易波及全场。

（一）加强预防

缺蜜季节要加强饲喂，防止蜂群缺乏食物。喂糖时勿漏洒糖、蜜在箱外（如漏洒应立即用水冲洗）。根据群势掌握喂糖量，强群多喂，弱群少喂，以当晚工蜂能搬完为准。喂糖后要在早晨查看，如有盗蜂，应立即将箱内剩余的糖水撤出，傍晚再喂（图2-248）。

缺蜜季节要缩小巢门，堵严箱缝，合并弱群。

图2-248　夜间饲喂，第2天早晨还有没搬完的糖水，引起盗蜂

如无必要，不要开箱检查，尽量多作箱外观察。若确实需要查看，在气温合适时，在清晨或傍晚检查。检查时可在打开箱盖后先对蜂群轻喷淡烟，使蜜蜂镇静，以免工蜂乱飞、错巢，引起全场混乱、起盗。

（二）止盗方法

1.平时起盗　如盗蜂已发生，应先缩小被盗群的巢门（图2-249），用少量柴油、风油精、大蒜等涂在箱门前的起落板上，驱散盗蜂（图2-250）。如盗蜂仍不能制止，再用树枝、青草掩盖被盗群巢门（图2-251），待稍微安定后，将被盗群的蜂箱巢门转向。待盗蜂平息后，再将巢门方向调回原位，一般这样处理后即可止盗。若次日被盗群巢门前仍有盗蜂，采取上述措施仍不能平息，当晚应搬走被盗群，另址或另场（距本场2千米外）安放。另址安放的蜂群如搬迁距离近，要关闭1～2天后再打开箱门。

图2-249　缩小巢门

图2-250　在巢门前刷柴油止盗

图2-251　用青草遮盖巢门

除处理被盗蜂群外，也可以找出作盗群，在被盗群巢门前撒一些面粉，然后查看哪一群回巢蜂身上带有面粉，带有面粉回巢的蜂群就是作盗蜂，应当晚将作盗蜂搬离本场，另址安放。

若盗蜂严重，全场大部分蜂群起盗，或其他蜂场的蜜蜂来盗蜂，难以制止，则应于夜间急速搬迁到2～3千米外、蜜源较好的新址安放。

2.取蜜起盗　蜂场取蜜时因蜂蜜散发的气味，使工蜂前来抢蜜，引起盗蜂。因此，取蜜时应抖脾后放于运脾箱中，运到密闭的房间内取蜜。房间门前最好安置磁碰门帘，以便在运脾时进出房间能及时关闭房门，减少进房的工蜂。如在野外取蜜，应搭起方形蚊帐，在蚊帐中取蜜（图2-252）。夜间工蜂不起飞，因此夏、秋季气

图2-252　野外在方形蚊帐中取蜜

温较高时，可于夜间取蜜，以减少工蜂的损失。蜜蜂对红色色盲，夜间取脾抖蜂时，为避免蜜蜂趋光扑灯，在照明用的头灯或手电外应盖一块红布。

十五、失王群、工蜂产卵群的处理

（一）对失王群的处理

蜂群有时会失王。蜂群刚失王时，巢门前会异常"热闹"，群内工蜂显得情绪焦躁、混乱。有时工蜂会涌出巢门，在蜂箱外壁结团。发现这种情况要及时开箱检查，如证实群内无蜂王，可及时给失王群介绍产卵王或成熟王台。但在此之前，应彻底清除巢脾上的急造王台（图2-253）。如无现成蜂王和人工王台，则可保留失王群中较好的急造王台。而若失王群内无子，暂无急造王台，可从其他群内调入虫卵脾，采取切脾育王的方法，让蜂群急造王台，暂时过渡，之后再育王换王。

群势较弱的失王群，应及时并入其他蜂群。

图2-253 蜂群失王后，巢脾产生的急造王台（台口朝下，蜂房较大）

（二）对工蜂产卵群的处理

蜂群失王，急造王台又未成功，3～4天后，就会有少数工蜂卵巢发育，开始产卵。工蜂产卵的特征是：一房数粒，东倒西歪（图2-254）。因为工蜂腹部较短，不能伸到巢房底部，所以卵大多产在巢房壁上。工蜂产的卵只能发育成弱小的雄蜂，不能与蜂王正常交配（图2-255至图2-257）。群内长期没有新出房的工蜂，失去老的工蜂后，如不及时处理，失王群会有覆灭的危险。

图2-254　工蜂产卵，一房数粒

图2-255　工蜂产卵后成片的雄蜂封盖子

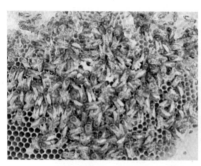

图2-256　工蜂产卵已久的蜂群群势衰败，巢脾大多是工蜂产卵发育的雄蜂

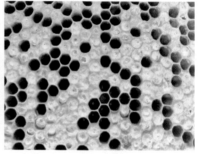

图2-257　雄蜂封盖子与工蜂封盖子不同，工蜂产卵群雄蜂封盖子中间有笠帽状突起

对工蜂产卵的处理，可采用以下方法：

（1）通过间接并群，将工蜂产卵群合并入有王群。群势较大的工蜂产卵群可拆分为2～3群，分别并入不同的有王群。也可将工蜂产卵群的巢脾全部抖出，饥饿疗法处理2天，之后于傍晚用喷空气清新剂的方法，再将其并入有王群（图2-258）。

（2）傍晚将工蜂产卵群搬到附近隐蔽处（如树林或庄稼地中），取空蜂箱放入1框有王有蜂的子脾，放在工蜂产卵群的原址。第2天，工蜂产卵群内的工蜂会零零散散地飞回原址，接受蜂王，转为正常蜂群。

（3）工蜂产卵时间已久，群内有很多雄蜂或有大面积的封盖雄蜂蛹，但仍有较大数量的工蜂，此时可调入1～2框正常的封盖子脾（也可通过混合群味的方法连蜂带脾调入），全部或部分换出雄蜂蛹脾，群内再介入一只产卵王或即将出房的成熟王台，也能让产卵工蜂逐渐转为正常。

图2-258　将工蜂产卵群中的巢脾抖出，采取饥饿疗法让工蜂停产，再将工蜂并入其他蜂群

对工蜂产卵群中的巢脾，因其中有大量工蜂所产的卵、幼虫和封盖蛹，要及时处理或淘汰。封盖蛹要割开房盖（图2-259）；如是虫卵脾，可浸入淡盐水中，杀死虫、卵，用摇蜜机摇出盐水，用清水漂洗，在摇蜜机中甩干后，再交给其他蜂群处理。

图2-259　割雄蜂蛹房盖

十六、蜂群转地

购买或出售蜂群、小转地放蜂，都需要进行蜂群转运。通过小转地放蜂，除了增加蜂群数外，蜂蜜产量可提高40%～50%。

为避免蜂群在转运时挤死蜜蜂和防止蜜蜂飞离蜂箱，转地运输前需对蜂群进行包装，主要是固定巢脾，钉好副盖，连接巢、继箱箱体，通常在起运前一天或当天（白天）进行。

（一）卡框条固定蜂箱

卡蜂箱时将卡框条突出部分向下嵌入巢框间隙（蜂路中），并用4厘米长的铁钉将副盖钉在箱沿上即可（图2-260）。

图2-260　卡框条固定蜂箱

（二）车胎环布条卡蜂

车胎环布条制作简单，可在汽修店买回废弃的摩托车内胎，然后用刀将其切割为2厘米的条段；再将白布撕成3厘米的布段，并用手搓成布条，分别用一根布条拴在车胎环的两端，其中一根布条的一端留有活套。一个蜂箱用两套，按转运箱数配足。并用4厘米长的铁钉分别在蜂箱左右两侧距顶部6～8厘米处钉下。准备就绪后，将宽3～4厘米的塑料泡沫条置于巢框两头，其长度应略超过巢框。然后盖好副盖，对齐箱边，将布条一端套于箱子一侧的铁钉上，用手捏住布条另一端，越过副盖并用手勒紧，缠绕在另一侧箱壁的钉子上，再将布头压下副盖上的布条下。这样，通过拉紧的布条压紧副盖、塑料泡沫条，让巢脾在运输过程中不致松动（图2-261）。

图2-261　车胎环布条卡蜂

（三）链条链节卡蜂

将自行车（或摩托车）的链条拆成单个链节，然后将其钉在箱口侧壁的4个角上，将海绵条放在巢框两端，然后用一块与蜂箱内围大小一致的副盖（或用木板做成的箱盖）放在海绵条上，将副盖与海绵条紧压在巢框上，并旋转链条链节，将副盖（或箱盖）与箱口固定（图2-262、图2-263）。这样卡蜂的速度很快，两个人卡蜂四五百群，只需要约半天时间。

图2-262　将塑料海绵条放在巢框上　　图2-263　压上箱盖板，旋转链条
　　　　　　　　　　　　　　　　　　　　　　链节，固定箱盖

（四）铁钉固定

将塑料泡沫条置于巢框两头，直接用铁钉固定在箱沿上，然

后盖副盖、固定箱口。

（五）挑绳固定

如果是继箱群，要用竹条、铰链和挑绳等，将继箱与巢箱联结固定（图2-264至图2-267）。

图2-264 先在蜂箱的四角安装固定挑绳的金属部件

图2-265 将挑绳套在蜂箱四角的金属部件上，收紧挑绳，并调整挑绳上的软皮垫贴在箱盖的边缘处，再扳动收紧扣固定

图2-266 已经固定好挑绳的蜂箱

图2-267 到新场地后，待蜂群稳定，及时拆除固定巢框的用具

　　用挑绳等固定时，仍要在巢框两端加塑料泡沫条或卡框条，以保证继箱与巢箱巢框不会左右移动。

　　在气温正常时，通常运输前要揭去副盖上的覆布，没有副盖的蜂箱应打开前后箱壁上的纱窗（图2-268），确保通风透气，以免闷死蜜蜂。

图2-268　将副盖上的覆布揭去

　　蜂群运输一般多在夜间。傍晚时待工蜂全部回巢后关闭巢门。天气炎热时，夜间巢门前会有乘凉蜂，可用喷雾器对其喷水，驱蜂回巢后再关巢门，然后搬运装车。装车时巢框摆放方向应与运输车前进方向一致。

　　装车高度应适宜，并用绳索将蜂箱绑牢在车厢上，以免滑落损失。

　　运达目的地后，应立即下车，按原先的计划安顿好蜂群。如气候热、群势强、蜂群受震动后吵闹或箱内温度高，应在放置好蜂箱后，用喷壶通过副盖对蜂群喷少许清水降温（图2-269）。稳定半小时后，

图2-269　用喷壶通过纱盖对蜂群喷少许清水降温

再逐一打开箱门。

转地采蜜的时机最好掌握在流蜜初期。蜂群转换场地后，要熟悉新的箱位和环境，在进场第1、2天，会重新认巢甚至会迷巢，导致场内有些混乱，但很快会自行安定。但如果转地后发生盗蜂，情况较严重，则应按盗蜂处理。

待全场蜂群稳定后，应及时开箱检查蜂群，拆除卡蜂器具，迅速整顿好蜂群。

十七、收捕野生蜂

我国中蜂资源非常丰富，尤其在植被好、蜜源丰富的山区，有大量的野生蜂可以收捕利用。可以放桶诱捕和猎捕野外自己建巢的野生蜂。

1.诱捕野生蜂 诱捕野生蜂（或分蜂群）的工具，可以是传统的蜂桶（方形或圆形），也可以用活框蜂箱，还可使用塑料提桶作为诱捕工具。为提高诱捕的成功率，用使用过的旧桶、旧箱最好，如没有，应先用气体喷火枪灼烧新蜂桶或新蜂箱，将其轻微烤煳，然后在木桶（箱）内燃烧旧巢脾、黄蜡，或用蜂蜡涂抹蜂桶（箱）内壁。另外，在蜂桶或蜂箱的巢门口，也要用同样的方法进行处理（图2-270、图2-271）。

诱蜂桶（箱）一定要放置在蜜源条件好、水源近的地方，尽

图2-270 箱内用喷火枪灼烧并涂蜂蜡

图2-271 箱外对巢门灼烧处理

量选择在背风向阳、不易积水、目标突出的岩壁以及孤立的大树树干、枝杈或树下（图2-272至图2-274）。放在地面的蜂箱、蜂桶要尽量用岩石压实，以防兽类侵害。北方地区也可在土崖上挖洞，设巢引蜂。

图2-272　在岩壁上设置的诱蜂桶

图2-273　诱蜂桶置于树杈上　　　图2-274　诱蜂桶置于大树下

设置诱蜂桶（箱）后，在蜂群分蜂（3—5月）、飞逃（8—10月）的旺季，应每隔7～10天查看一次。久雨初晴，要及时查看，连续阴雨则不必查看。发现有蜂投住（图2-275），可留在原地饲养，或傍晚待蜜蜂回巢后，关闭巢门搬回家饲养。如实行活框饲养，可待蜂群壮大后过箱。

图2-275　已有蜂群投住的诱蜂桶

2.猎捕野生蜂　对于已经自行筑巢在石洞、土洞或树干中的野生蜂，可采取猎捕的方法。

猎捕前应针对不同洞穴类型准备好相应的工具（如锄头、榔头、凿子、斧子、接蜂箱、薰烟器等），并观察蜜蜂的出入口。然后用相应的工具拓宽出入口，以便割脾、收蜂。对于无法拓宽洞口的蜂群，可保留上、下两个出入口，封堵其他出口，自下方入口向洞内薰烟，也可投入点燃的艾条或蘸有柴油、风油精、正红花油、樟脑丸、石炭酸的棉球，迫使蜜蜂从上方出口涌出，然后将其收捕进接蜂箱，返回后用借脾过箱的方法，将野生蜂转移到活框蜂箱中饲养。

十八、初学养蜂者易犯错误

初学养蜂者对中蜂的生活习性不了解，饲养管理经验不足，因此在管理中常会出现一些失误，影响蜂群正常发展，甚至导致养蜂失败。

（一）频繁开箱，过度检查

正常一般7～10天检查一次，大流蜜期、分蜂期可3～5天检查一次。

初学者由于经验不足，经常频繁开箱检查，中蜂性喜安静，开箱检查容易惊扰蜂群，扰乱蜂群正常的生活秩序。缺蜜期开箱会导致工蜂大量吃蜜，增加饲料消耗；低温期频繁开箱会降低巢温，使子脾受凉，导致中囊病等疾病发生。还有些养蜂者喜欢查找蜂王而开箱时间过长，引起盗蜂，使蜂场秩序混乱，给后续管理增加困难。

应尽量少开箱，能箱外观察的就不开箱，开箱时能做局部检查的，就不做全面检查。另外，检查时对蜂群情况要及时做好记录，特别是规模较大的蜂场，以便对每个蜂群情况做到心中有数，采取对应的管理措施，管理好蜂群。

（二）贪脾多，脾距过宽

初学者管理的蜂群往往脾多于蜂，不能根据蜂群群势的变化，适当增减巢脾，往往是2～3个巢脾的蜂量，即放4～5个巢脾，巢脾上蜜蜂稀疏（图2-276）。这样的蜂群保温不好，蜂王产卵不集中，容易发生病虫危害。

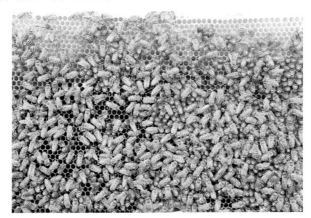

图2-276 蜂少于脾，脾上工蜂稀疏，无法护住巢脾

有些养蜂者将巢脾之间的距离放得过宽，不规范，致使蜂群造赘脾、夹层脾（图2-277、图2-278），难以对蜂群进行管理。

图2-277 蜂路过宽，致箱壁上
的赘脾

图2-278 蜂路过宽，致边脾上
的夹层脾

（三）贪群

大多数初学者想尽快扩场，因此不顾蜂群实力，大量分蜂，甚至一群只有一脾蜂，这样的蜂群群势弱，反而不利于发展，蜂群易病易逃。

（四）春季不保温，夏季不庇荫

春季繁殖期容易出现低温阴雨天气，不对蜂群采取适当的保温措施，易使蜂群发展缓慢，群势弱，大流蜜期产蜜量低。

夏季气温高,蜂箱暴晒,对蜂群不采取任何遮阴防晒措施,使巢内温度过高,工蜂离脾散热,从而加重巢虫危害,甚至造成蜂群飞逃。

(五)过度取蜜,只取不予,不饲喂或饲喂不足

过度取蜜,对群内蜂蜜"一扫而光",不根据天气情况和季节给蜂群留足饲料。流蜜期结束,过度取蜜后不及时补充饲喂或饲喂量不足,或者晚秋季节补饲时间过晚,气温低,使蜂群不能搬运蜂蜜并贮存利用,造成群内饲料不足,导致冬春两季蜂群缺蜜死亡(图2-279、图2-280)。平时饲料不足,蜂群群势发展缓慢,不能分蜂,导致夏季缺蜜,蜂群飞逃。

图2-279 巢脾上饿死的蜜蜂头伸入巢房内,尾部朝外

图2-280 因缺蜜致死的蜂群

(六)疏于管理

与频繁开箱相反,有些养蜂者平时疏于管理,长时间不查看蜂群,箱底蜡屑不注意清扫(图2-281),撤出的废旧巢脾到处乱放,不能防控胡蜂;不知道缺蜜情况,导致病虫害严重,蜂群饿死或飞逃。

图2-281 平时不打扫箱底而堆积的蜡屑和巢虫

（七）不注重日常防疫消毒，病时滥用药物

有些养蜂者没有卫生操作习惯，蜂箱、蜂具不注意消毒灭虫。一旦发生病情，在没有确诊的情况下滥用药物，超剂量用药，造成蜂产品被严重污染。

第四节　蜂群四季管理技术

蜂群的四季管理，就是根据四季气候变化，外界蜜粉源开花流蜜期或缺蜜期出现的时间及长短，一年中蜂群越冬、越夏、恢复、发展、分蜂等群势变化及病虫害发生的规律，采取有针对性的管理措施，使蜂群能安全越冬度夏，有效防治病虫害，并适时育王分群，通过提前饲喂等手段，加速蜂群繁殖，使蜂群的强盛期、青壮年适龄采集蜂出现的高峰期与主要流蜜期相吻合，达到蜂群高产、稳产的目的。

一、蜂群春繁阶段的饲养管理

（一）春繁起始时间

因南北方气候不一致，中蜂具体开繁时间应视当地气候条件及蜂王自然开产时间而定。一般南方早而北方迟，低海拔地区早而高海拔地区迟。通常开繁的日期可根据第一个大蜜源开始的时间确定，一般在第一个大蜜源开花前40～50天开始保温繁蜂。

（二）春繁期间的主要工作

在当地日平均温度达6℃左右、晴天中午温度超过12℃时开始检查蜂群，整理蜂巢，进行保温包装，开始春季繁殖。

1.春繁初期的管理

（1）检查蜂群情况，缩脾紧脾。越冬之后，蜂群中多为日龄较大、身体发黑的老年工蜂，开繁后工蜂数量会逐渐减少，此时当年的幼蜂尚未出房，为了保证蜂群正常、健康繁殖，因此开始春繁包装时要紧脾缩脾，密集蜂群。包装时应按实际蜂量减少1～2个脾，即4脾足蜂，抽出1脾减成3脾；3脾蜂量减成2脾

（图2-282）。无王群、蜂量不足2～3框的可与其他蜂群合并。

图2-282　抽出多余的巢脾

（2）整理巢脾时应留下脾面完整的好脾，将老旧巢脾抽出淘汰。一般蜂巢内应有1框大蜜粉脾，1.5框蜜脾或1框空脾供蜂王产卵。并实行巢外挂脾，即在隔板外放一张蜜脾，当群内缺蜜时，蜂群可将此脾上的存蜜搬至群内利用；当外界蜜源植物流蜜时，蜂群又可将多余的蜂蜜存入此脾中，不会影响蜂王产卵。一旦蜂群群势上升，需加脾时可将此脾调到巢内，蜂王容易接受，会迅速产卵。蜂群春繁包装时巢脾的布置见图2-283。

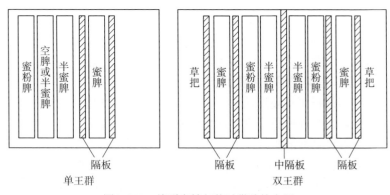

图2-283　蜂群春繁包装时巢脾的布置

（3）春季前期气温较低，寒潮频繁，因此春季开始，整理蜂巢时要注意对蜂群保温。添加保温物时，箱内空处可填塞草把、草框或插入泡沫板，纱盖上除覆布外还应加盖棉毯、草帘等覆盖物，提高巢内温度，促进蜂王产卵（图2-284至图2-288）。

图2-284　填塞草把为蜂群保温

图2-285　放在箱外的草把，可用木块固定，让其紧贴箱壁，还可在草把外及箱盖上覆盖塑料薄膜，以提高保温效果

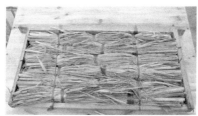

图2-286　草框

图2-287　稻草帘，用于箱盖与覆布间为蜂群保温

图2-288　巢箱内插入泡沫板

（4）补充饲料，奖励饲喂。包装繁蜂开始后，若蜂群内饲料充足，可用1∶1的糖浆进行奖励饲喂，每隔一天饲喂一次，连续奖励2～3次。若群内饲料不足，应增加奖励和补饲的次数，但以蜜不压子为原则。

（5）除喂糖外，若群内存粉不足，外界又无粉源；或气温低，长期阴雨，工蜂不能外出采集花粉时，应补饲花粉。

（6）在喂糖喂粉时，为避免蜜蜂在春季初期气温较低时外出采水，应同时喂水喂盐（图2-289）。

图2-289　用圆形饲喂器饲喂蜂群

2.蜂群恢复期的管理

（1）当新蜂开始大量出房，蜂群群势上升，安全度过恢复期，外界也有蜜粉源开始流蜜吐粉，巢框上开始出现白色蜡点，此时应及时给蜂群加经过消毒的巢脾或加础造脾。一般先将巢脾或巢础加在边脾外侧，蜂王产卵后再调入巢内靠中间的位置。

（2）当流蜜期刚开始，为了控制大流蜜期蜂群的分蜂热及满足春季换王、分蜂的需求，应加巢础于边脾外侧，此时可人工调脾补蜂，组织强群提前培育雄蜂，准备育王。

（3）注意检查子脾健康情况，一旦发现病情，特别是中蜂囊状幼虫病，要及时处理（图2-290）。

3.大流蜜期的管理

（1）适时加础起造新脾，结合取蜜，淘汰老旧巢脾。

图2-290 开箱检查蜂群健康状况

（2）注意防治病虫害。

（3）通过调脾补蜂，提前在大流蜜期15～20天组织强群（5框以上）采蜜。

（4）继续育王、换王，控制分蜂热。控制分蜂热可采取以下措施：

①刚开始进入大流蜜期时将老王剪翅，以防止意外分蜂降低生产力。

②蜂群已起分蜂热，群内出现雄蜂蛹和王台时，要及时割除非种用雄蜂脾，并去除位置不好、质量不高的王台（位置低，接近下框梁、歪斜、个小），留下位置好、粗、大、正、直的王台备用。

蜂群产生分蜂热后，通常第一、二次起的王台较大，灭台后，蜂群会很快再造台，灭一次，起一次，且越灭越小，后面造出来的王台其产生的蜂王质量极差。因此，控制分蜂热，不能单纯采取灭台的办法，强压分蜂热，而要因势利导，待王台成熟及时将老王带蜂两脾，另分一群；原群利用自然王台，用处女王群采蜜。

③及时对蜂群进行检查，一旦发现有封盖王台，强群可用加铁纱的框式隔王板将老王与2个巢脾隔在一起，将蜂群分成大小两

区，两区各开巢门，在有王区一侧的巢门前加装防逃片；另一区用处女王采蜜（图2-291至图2-293）。

图2-291　巢门安装防逃片

图2-292　灭王台

图2-293　割除雄蜂脾

④强群可加浅继箱或继箱，扩大箱体空间以提高蜂蜜产量。如群势较弱可用王笼扣老王在本群内，利用本群或别群的优质王台或人工王台，实行处女王群采蜜，达到边生产、边换王的目的。

⑤大流蜜期刚开始时，及时抽出带有饲料的巢脾进行清框并做标记（根据当时的天气情况，留1～2框作饲料），摇出的含糖蜂蜜留作蜂群的饲料，待蜂蜜大部分封盖后，进行二次摇蜜。

4.流蜜尾期的管理

（1）及时利用自然王台或人工王台，进行换王和分蜂。

（2）转地蜂场可转到其他蜜源地区继续取蜜；定地蜂场应通过调蜂补脾，平衡全场群势，给蜂群留足饲料。

二、蜂群的夏季管理

夏季气候炎热，不同地区气候、蜜源不同，应采取不同的管理措施。

（一）遮阴防晒

夏季蜂群应注意防晒（图2-294至图2-297），加继箱或浅继箱。箱上的覆布褶角，加强通风散热。转地蜂场可将蜂群安置在树林中。

图2-294　安置在树下的蜂群

图2-295　安置在树林中的蜂群（格子箱）

图2-296　箱盖上放石棉瓦或塑料瓦隔热

图2-297　箱盖上加塑料泡沫板隔热

（二）保障水源

水源不好的地区，应设置公共饮水设施供蜂群采水，或用饲

喂器给蜂群喂水。

（三）防胡蜂、巢虫

夏季胡蜂和巢虫等敌害猖獗，在人力和时间允许的情况下，每天早中晚各捕杀胡蜂1小时。使用新巢脾、修补蜂箱缝隙以及保持箱内清洁，能减轻巢虫的危害程度。

（四）防止飞逃

夏季缺乏蜜源的地区，可利用当地的零星蜜粉源（如漆树、冬青、毛栗、板栗等），进行分蜂后的恢复性繁殖。断蜜后、越夏前（5月中旬前后），蜂群应用浓糖水（2∶1）连续喂足饲料。夏季管理时，多作箱外观察，尽量少开箱，以免惊扰蜂群，增加饲料消耗，防止蜂群因越夏缺蜜而飞逃。

（五）夏季流蜜期管理

夏季有大蜜源（如乌桕、荆条）的地区，以及我国北方、高海拔地区，6—8月是蜂蜜主要生产期，应参照春季大流蜜期的管理办法（如提前45～60天，培育强群和适龄采集蜂；大流蜜期控制分蜂热，育王换王等）进行管理。

三、秋冬季流蜜期的管理

秋冬季节也是中蜂生产的主要季节，秋季有栾树、盐肤木、千里光、刺楸、野藿香、荞麦、野坝子等，在我国南方地区，除了上述蜜源外，一些地区的冬季还有野桂花、鸭脚木、千里光、枇杷等蜜源，可以继续生产。秋冬季流蜜期应注意以下几方面的管理。

（一）奖励饲喂

夏季缺蜜区，蜂群经过越夏期，群势下降，应在当地大流蜜期提前45～60天奖励饲喂，喂蜜喂粉，为秋季流蜜期培育强群和适龄采集蜂。

（二）适时育强群采蜜

当地有冬季蜜源的地区，应利用秋季早期蜜源繁殖和组织强群、育王、换王，为采集冬季蜜源做准备。

（三）防治病虫害

秋季是胡蜂、巢虫的高发期，应注意防治。另外，也要防止欧洲幼虫腐臭病的发生。

（四）越冬前准备

流蜜后期应给蜂群留足饲料，当地气温低、无蜜源的地区，群内饲料不足时，应在当地平均气温下降到8℃前（夜间气温3～4℃，白天最高气温12～14℃），适时培育适龄越冬蜂。用浓糖浆（2∶1）对蜂群连续进行补饲，直到喂足越冬饲料为止（1脾足蜂1.5～2千克蜜）。

（五）拓宽蜂路，合并弱群

适当拓宽蜂路（12～15毫米），合并2框以下的弱群。

（六）冬季取蜜

冬季有蜜源的地区，应抓紧时间取蜜，取蜜期要给蜂群留足饲料。

四、越冬期管理

中蜂一般在室外越冬。冬季温度低的地区，将蜂群从支架上撤下，放在地面上。寒冷地区，蜂箱的左、右、后三面及箱顶可用草帘围住（图2-298）。北方有啄木鸟危害的林区，蜂箱前应用水泥瓦遮挡。

雪后晴天为防止工蜂外飞，应在箱前用石块、木板遮光（图2-299）。南方蜂群越冬期，蜂群应"宁冷勿热"，只要巢内有充足

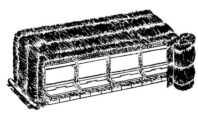

图2-298 室外越冬，草帘包装蜂箱

图2-299 室外越冬，巢门前用木板遮光

饲料，不必过度保温。

第五节　蜂产品生产

与西蜂相比，中蜂蜂产品有以下两个特点：一是产品单一，以蜂蜜和蜂蜡为主，较少生产花粉，不生产蜂胶与蜂王浆；二是产量较低，中蜂年平均每群产蜜量只有7.5～15千克。

20世纪初，西蜂的大量引入，导致我国的中蜂数量一度减少，中蜂生产曾一度停滞不前。然而，近一二十年来，人们的食品安全与营养健康意识明显增强，在假蜂蜜的冲击下，中蜂蜜（土蜂蜜）又重新受到消费者青睐，其平均售价远远高于西蜂产品。与此同时，我国退耕还林、生态环境保护、脱贫攻坚等相关政策的长期实施，中蜂栖息环境得到明显改善，也使得中蜂产业得到较快的发展。除蜂蜜与蜂蜡外，蜂种也成为当前中蜂产业的一项重要产品。

一、蜂蜜生产

蜂蜜指天然成熟蜜，即是蜜蜂采集植物花蜜或其分泌物，并与自身分泌的物质结合酿造加工，吐蜡封盖后，自然成熟的甜味物质。中蜂蜂蜜生产，即指天然成熟蜜的生产。

大流蜜期，活框蜂群内巢脾绝大部分封盖时即可取蜜。为防止取蜜时发生盗蜂，应在室内取蜜或夜间取蜜，没有条件室内取蜜的，可在野外搭建方形蚊帐取蜜。

（一）活框取蜜

取蜜时一般应有2～4人配合（根据蜂场大小而定），其中一人提脾，一人运脾，一人割脾，一人摇蜜。

1.查脾抖蜂　检查蜂群，将要取蜜的巢脾提到隔板外，有蜂王的巢脾最好暂时不取。对要取蜜的蜜脾贴价签、写群号，并用卡钉枪固定，然后双手分别握住巢框两端，用腕力连抖两下，将蜂抖落箱底，并用蜂刷扫去脾面余蜂，放入运脾箱内，运入室内

（图2-300至图2-303）。

图2-300 检查蜂群，提出要摇蜜的巢脾

图2-301 在要取蜜的巢脾上框梁贴价签、写群号，用卡钉枪固定后放在运脾箱内

图2-302 抖蜂

图2-303 抖蜂后的巢脾

2.二次摇蜜 用两个摇蜜机实行二次摇蜜，提高蜂蜜的浓度。运入室内的巢脾先在第一个摇蜜机中将脾中未封盖的不成熟蜜和当天的水蜜摇出，然后割开封盖蜜的蜡盖，再在第二个摇蜜机中摇出封盖蜜（图2-304至图2-308）。二次摇蜜可提高1.5～2波美度。摇蜜时转速应先慢后快，再由快到慢，既要将蜜甩出，又不能用力过猛，将巢脾摇垮摇烂。

3.归还巢脾 把摇过的巢脾放入空蜂箱或运脾箱中，由运脾员运回蜂场，按巢脾上标记的群号返回蜂群。

图2-304 不割蜜盖，先在第一个摇蜜机中将不成熟蜜摇出

图2-305 经过第一个摇蜜机摇出水蜜后的巢脾，用割蜜刀割开封盖蜜的蜡盖

图2-306 将割完蜡盖的蜜脾放入第二个摇蜜机中，1个蜜框放1脾，对称摆放

图2-307 匀速转动摇蜜机手柄，摇出蜂蜜

图2-308 摇过的蜜脾，应取出后翻面，摇出另一面巢房中的蜂蜜

（二）传统养蜂取蜜

传统养蜂的蜂桶形式很多，取蜜的方式也不一样。

1. 格子箱取蜜　蜂群储蜜区在格子箱的顶层，根据当地蜜源及蜂群群势，一般一年可取 1～2 次蜜。取蜜时，先用喷烟器从格子箱顶部喷烟，或用吹风机往下吹，将蜜蜂赶到格子箱底部，再用不锈钢丝通过格子箱的间隙，将贮蜜格与下方的格子分开。然后再将蜂格内的蜜脾割出，直接出售脾蜜或用榨蜜机榨蜜。

2. 竖桶割蜜　蜂群在竖桶中割蜜类似于格子箱，可打开竖桶顶盖，将蜂蜜挖出（图2-309），再用榨蜜机榨蜜。

图2-309　打开竖桶顶盖取蜜

3. 横桶割蜜　横桶除部分巢脾为完整蜜脾外，有的蜜脾连着蜜粉脾、子脾，割蜜时先敲击蜂桶将蜂驱赶至一侧，然后割蜜，将蜜脾、粉脾、子脾分开。最后用榨蜜机榨蜜。土桶取蜜的过程见图2-310；野外横桶取蜜、榨蜜过程见图2-311至图2-313。

敲桶驱蜂，露出蜜脾　　从蜂桶中割取蜜脾　　戴手套，将蜜脾包在纱布中挤出蜂蜜，并在簸箕中过滤

图2-310　土桶取蜜的过程（何成文摄）

图2-311　野外横桶中割取蜜脾

图2-312　从蜂桶中割取的整块封盖蜜脾

图2-313　放在收蜜桶中的蜜脾

（三）榨蜜机榨蜜

为保证蜂蜜干净卫生，应选用不锈钢榨蜜机榨蜜。榨蜜机有手工和电动两种，电动榨蜜机使用方便，省时省工，榨蜜干净，效率高。

电动榨蜜机（专利号：201821593481.1，专利持有人：杨永忠，徐祖荫）的操作步骤如下：

（1）将割下的蜜脾放入80～100目的尼龙网袋内，扎紧袋口放入榨蜜机底部。

（2）将榨蜜板放在尼龙袋上，然后安装电动推杆，推杆应对准榨蜜板上的圆孔。按动开关下行按钮，推杆下压，通过榨蜜板挤压尼龙袋中的蜜脾，将蜂蜜压出（图2-314）。推杆推动榨蜜板，估计将脾内的蜜压出后应立即松开按钮，不再下行。然后按动上行按钮，推杆上行，取出尼龙袋。将袋中蜡渣倒出，再继续装入蜜脾压榨。

（3）蜜脾经挤压后，蜂蜜从榨蜜机的底盘出口流入干净的贮蜜桶中（图2-315），待气泡消失后分瓶罐装。

图2-314　用电动榨蜜机压榨蜜脾

图2-315　通过榨蜜机榨出的蜂蜜流入贮蜜桶中

二、取蜜后的粗加工及销售

经以上方式取下来的成熟蜜，应及时进行过滤除杂，用没有污染的容器，贮存在阴凉、清洁、干燥的环境中，并及时进行灌装，贴标签，待售。

（一）过滤

蜂蜜过滤分为粗滤和精滤两部分。粗滤主要滤去幼虫、蜂尸、蜡屑等较大的杂质，生产上用60目（网孔内径约为0.25毫米）以下的滤网进行操作。精滤主要滤去花粉粒这类较小的杂质，使蜂蜜纯净、清澈，生产上用80目（网孔内径约为0.18毫米）以上的滤网即可成功去除大部分微小杂质。

（二）贮存

将滤去杂质的原蜜，倒入带盖不锈钢桶或大陶瓷缸中，防虫防鼠，避免灰尘或昆虫掉入，并将其贮存在阴凉、清洁、干燥的环境中。

（三）包装待售

为方便零售，可购买500克或1 000克的食品级塑料瓶或玻璃瓶，及时过秤灌装，并贴标签待售。塑料瓶的特点是不易碎，但玻璃瓶更受消费者欢迎，一般玻璃瓶外应配有泡沫外套，以方便邮寄（图2-316）。

包装好的蜂蜜　　　　　　　包装好的蜂蜜放于泡沫外套中便于邮寄

图2-316　包装好的蜂蜜（侯茜然摄）

三、生产优质安全中蜂蜜应注意的问题

2019年2月国际养蜂工作者协会联合会（简称国际养蜂联合会，Apimondia）发布的《国际蜂联针对伪劣蜂蜜的声明》（简称声明）明确规定，蜂蜜是指蜜蜂采集植物花蜜或植物活体分泌物，或在植物活体上吮吸的蜜源，昆虫排泄物等生产的天然甜味物质，是经蜜蜂采集，并与其自身分泌的特殊物质结合、转化、沉淀、脱水、贮藏并留存于蜂巢中直到成熟。遵循这项定义，国际蜂联认为花蜜转化为蜂蜜的过程必须完全由蜜蜂来完成，人类不得干涉蜂蜜成熟或脱水过程，也不允许去除蜂蜜中的特有成分。《声明》明确提出，除常规造假行为外（糖浆稀释、信息失实、流蜜

期人工饲喂蜜蜂等），收获未成熟蜜，利用物理或化学方法去色、去异味，高温浓缩脱水（真空干燥法除外）等方法生产的蜂蜜均被视为伪劣产品，不得进入国际市场流通。这项声明，已得到我国养蜂界的积极响应。

根据该项《声明》及我国相关部门的要求，真正符合绿色环保理念的蜂蜜应该是真蜂蜜、零添加、无杂质、无污染（包括重金属、农药残留和抗生素残留以及昆虫、小动物污染）、无毒无害、高浓度（一般指浓度42～43波美度的封盖蜜，含水基本在20%以下）、各项理化指标符合国家标准《蜂蜜》（GH/T 18796—2012）的要求。

真蜂蜜是指蜂蜜的真实性。国家标准《蜂蜜》规定，商品蜜中的蔗糖（白糖）含量不得超过5%，超过此标准就判定为不合格产品。零添加，是指在蜂蜜中不得添加蔗糖、工业生产的高果葡萄糖浆以及其他物质，保持蜂蜜的原生态。不管是有意添加，还是因在饲喂蜂群的过程中饲喂白糖，从而导致产品中蔗糖含量超标，都是不允许的。凡达到前两项标准的就是真蜂蜜，但真蜂蜜不一定是好蜂蜜，因为蜂蜜质量的好坏还要看浓度（含水量）和重金属、农药、抗生素的残留量。

生产含水量符合标准的蜂蜜绝大多数情况是指封盖蜜，但由于中蜂扇动翅膀的方式与意蜂不同，蜂群群势不如意蜂，所以除湿能力较差。我国南方春、秋季湿度大，有些蜜源流蜜量较大，如春季油菜、荔枝、龙眼花期，秋季盐肤木花期，蜂蜜很难达到完全封盖，即使采取二次摇蜜的办法，也不一定能达到国家规定商品蜜的含水量，但蜂蜜封盖后仍然有后熟作用，在蜂巢中多贮存一段时间，可多挥发一些水分。例如，传统养蜂，一年只割一次的老桶蜜，取出即能达到42～43波美度，放置在阴凉条件下，一年也不会发酵，这样的蜂蜜才是真正的天然成熟蜜。

另外，符合质量的蜂蜜中，重金属、农药、抗生素残留不能超标，不得在产品中检测出其他禁用的药物。

要达到上述标准，生产出符合质量的好蜂蜜，平时要保证饲料充足，加强管理，饲养强群，保持蜂脾相称，增强蜂群自身的抵抗能力。同时要熟练掌握不同蜂病的典型症状，早发现、早治疗，在个别或较少数蜂群刚开始发病时就要采取措施，及时处理，隔离治疗，对症下药，规范用药，坚决反对乱用药，加大剂量用药。对个别发病较重的蜂群要果断出手，采取"三换"（换王、换脾、换箱）措施，及时将撤出的病脾填埋或烧毁，消毒蜂箱、蜂具，控制发病源头，尽量做到少用药，不用药，减少农药及抗生素残留。

在蜂群饲养过程中，因为外界有缺蜜期，有时给蜂群补喂饲料（通常喂白糖）是必需的，为不影响蜂蜜的纯度，要求进入大流蜜期后，蜂场要在流蜜初期及早清框，将巢脾中混有饲料糖的不纯蜂蜜摇出，然后让蜂群贮蜜。为防天气变化，如需保留 1 ～ 2 框作为饲料，应在巢脾上框梁上做好标记，清框出来的不纯蜂蜜应与清框后摇出来的纯蜜分开，留作蜂群的饲料，而不能将其作为商品蜜。同时要大力提倡浅继箱取蜜。将繁殖区与生产区分开，并采取二次摇蜜的方式，取封盖成熟蜜。为降低蜂蜜含水量，要尽量延长封盖蜜在蜂群中的酿贮期。另外，也可采取传统粗放式的管理方法饲养，一年只取一次蜜，提高蜂蜜的成熟度。

总之，由于中蜂蜜产量低、售价高，生产者必须在生产的各个环节确保不同浓度蜂蜜产品质量（图2-317），以质取胜，才能得到消费者的认可，长期稳定市场价格，逐步拓展市场空间，使中蜂产业实现可持续发展。

四、蜂蜡生产

蜂蜡又称黄蜡、蜜蜡，是由工蜂蜡腺分泌的一种脂肪性物质，是巢脾的修筑材料。在中蜂生产上，注意收集淘汰的旧脾、赘脾、蜡渣以及野生蜂巢，将其集中放于有水的熔蜡锅中，锅中事先加入适量的水，加热熔化蜂蜡。再将熔化的蜡液趁热与水一起倒入尼龙袋或特制麻袋中，扎紧袋口，放入榨蜡机中压榨，使蜡液从袋的缝隙流入盛蜡的容器或模具中，待蜡液降温凝固后，即成为黄蜡（图

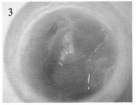

图2-317　三种不同浓度的土蜂蜜

1.蜂蜜浓度较低，蜂蜜分层，已发酵，上部结晶部分有许多气泡　2.蜂蜜浓度较高，温度较高时，略变软，尚未发酵　3.蜂蜜浓度最高，温度较高时，结晶仍较硬，完全没有发酵的现象

2-318、图2-319）。

黄蜡除厂家收购、调换巢础外，还可用于制作人工蜡碗、给蜂箱涂蜡以及熏制诱蜂桶等。

五、种蜂生产

一般而言，一箱4脾

图2-318　简易热压榨蜡机示意

图2-319　黄蜡

的蜂群，在蜜足、粉足，且外界蜜源条件较好的前提下，一年可繁殖为2～4箱蜂群。在外界蜜源较差，需要喂糖繁蜂的前提下，平均每增加1脾蜂量，需消耗白糖2千克左右。种蜂的繁殖技术见本章第四节蜂群四季管理技术。

　　种蜂的生产与销售，受各地市场、政策、蜜源等条件的影响。由于我国不同地区气候、蜜源不同，各地中蜂的生物学特性（如抗寒性、耐热性、群势大小、抗病性等）和生产性能不同，根据中国农业科学院蜜蜂研究所等多家科研机构的研究，将我国境内的中蜂划分为9个不同的生态类型，因此在种蜂的生产和销售上，必须严格遵守我国相关部门的规定，不允许跨区域销售。

第三章　中蜂病敌害防治技术 >>

第一节　蜜蜂病敌害的综合预防

　　蜜蜂的疾病和敌害是中蜂生产发展的严重障碍，可使中蜂体质衰弱和死亡，削弱群势，最终导致蜂场养蜂失败。因此，必须加强对蜜蜂疾病和敌害的防治。

（一）中蜂病敌害种类

　　中蜂主要病敌害是"两病两虫"，"两病"指中蜂囊状幼虫病和欧洲幼虫腐臭病，"两虫"指巢虫和胡蜂。其次还有孢子虫病、寄生蜂、蚂蚁、蟾蜍等病敌害。

（二）中蜂病敌害的综合绿色防控

　　必须建立正确的中蜂病敌害绿色防控观念。蜂病的防治包括"防"和"治"两个过程，其中最重要的是"防"，要以预防为主，实行综合防治。综合防治又要以加强蜂群的饲养管理为主，尽量不用药，少用药，发病后要对症下药，规范用药，保证所生产的蜂蜜为绿色健康产品。

　　（1）中蜂受病敌害侵染，多与食物短缺有关，因此始终保持丰富和充足的食物是最好的预防措施。寻找蜜粉源丰富的地区放蜂，科学合理取蜜，在蜂群缺蜜缺粉时一定要及时补喂。

　　（2）尽量多做箱外观察（图3-1），平时少开箱。即便开

图3-1　箱外观察

箱检查，也要目标明确，尽快完成。

（3）饲养强群。强群蜂繁殖力、生产力、抗病力、抗逆力强，能有效抵御病敌害的侵袭（图3-2、图3-3）。

图3-2　强群　　　　　　　　图3-3　弱群

（4）及时更新巢脾，随时保持蜂脾相称或蜂多于脾。

（5）注重选种育种，实行人工育王，引进、选育抗病力强、丰产性好的蜂群作为父母群，这是最为经济有效的防治措施。

（6）遵守卫生操作规程，对蜂箱、蜂具要进行定期消毒。健康蜂群和病群使用的蜂具要分开。

（7）不喂来历不明的饲料，用蜂蜜、花粉饲喂蜂群前应进行消毒处理。

（8）要努力掌握和准确识别不同病敌害的症状和特征，早发现、早治疗，一旦发现病情应及时处理，对重大传染性疫病（如中蜂囊状幼虫病）的病群要隔离治疗，不使其蔓延、扩散。做到"治早"（早发现、早治疗）、"治少"（发现少数或个别病群时立即治疗）、"治了"（治疗所有病群，不留后患）。

（9）科学治疗，合理用药。在正确诊断病种的基础上对症下药，按规定的剂量用药。切忌乱用药，超剂量用药；尽量少用药、不用药，保证产品符合国家有关规定，即安全绿色，农药、抗生素残留不超标。

（10）严格执行检疫制度。根据《中华人民共和国动物检疫法》及1986年农业部颁布的《中华人民共和国养蜂管理暂行规定》，蜜蜂的检疫对象为欧洲幼虫腐臭病、美洲幼虫腐臭病、中蜂囊状幼虫病、蜂螨等。一旦发现上述传染性疫病和敌害，应就地治疗，不得从疫区引蜂或将带病蜂群放养到非疫区及无疫病区。

第二节 中蜂常见疾病的症状与防治

一、中蜂囊状幼虫病

（一）病原

中蜂囊状幼虫病（简称中囊病）是一种病毒病，致病微生物为中蜂囊状幼虫病病毒（图3-4）。

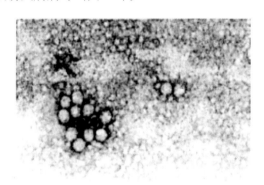

图3-4 电镜下的中蜂囊状幼虫病病毒颗粒
（×10万，引自黄绛珠等）

（二）症状

1.幼虫死亡时期 1～2日龄幼虫易感染此病，并于5～6日龄大幼虫期死亡，死亡幼虫多出现在预蛹期，即在幼虫封盖后、化蛹前死亡。

2.特征性症状

（1）病死幼虫的典型症状为头尖上翘（俗称尖子、立蛆）（图3-5），用小镊子将死亡幼虫夹出，呈上小下大的囊袋状（图3-6）。幼虫表皮与虫体之间有一层清液，病死幼虫无臭味。

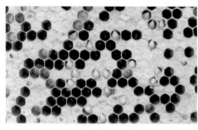

图3-5 尖子、立蛆 　　　　图3-6 病死幼虫呈囊袋状

（2）病死幼虫常呈片状分布。由于病死幼虫多，工蜂常来不及清理，部分病死幼虫后期会出现"尖脑壳"及瘫软塌陷的症状（图3-7）。

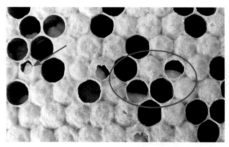

图3-7 病死幼虫后期症状（箭头示"尖脑壳"，圆圈示"塌陷"）

（3）幼虫死亡后，工蜂感知死亡幼虫并咬开房盖欲将其清除，因此病群子脾上常会出现很多被工蜂咬开的小孔（图3-8）。

（4）处于恢复期的病群也会出现插花子脾（即幼虫、封盖蛹相互夹杂）的现象。但此种插花子脾封盖蛹较多，可以和欧洲幼虫腐臭病虫卵多而封盖

图3-8 病群子脾上被工蜂咬开的小孔

子少的插花子脾相区别。

（三）发病特点

该病主要发生在春秋两季，特别是气温低、骤冷骤热的蜂群春繁期。夏季高温期不适宜病毒繁殖，病情减缓或消失，到秋季气温偏低时又会复发。

（四）防治要点

目前对中囊病尚无治疗的有效药物，防治的重点在于加强蜂群的饲养管理，做好预防工作。一旦发病，早发现、早治疗。

1.实行人工育王　在蜂场中挑选群势大、抗病力强的蜂群作为父母群、哺育群。及时淘汰更换不抗病的蜂王。

2.避免近亲繁殖　每2～3年自外地（距本场10～20千米）外场引入或交换抗病力强、群势大、产蜜量高的蜂群作种群。

3.随时保持蜂脾相称，保持群内饲料充足

4.春繁时期，加强保温　参见第二章第四节蜂群四季管理技术。

5.一旦发现病情，及时治疗　主要采取以下措施：

（1）发现病群后，应尽快将病群移到距本场2千米外的地方，进行隔离治疗，防止主场感染。

（2）关闭病群巢门，防止盗蜂，以免传染其他蜂群；对弱小病群要及时互相合并。

（3）对病群立即扣王断子，缩脾紧脾，打紧蜂数，促使工蜂尽快清除死亡幼虫，减少和切断病源（图3-9至图3-11）。病脾要立即烧埋或消毒处理。

图3-9　缩脾紧蜂，密集群势

图3-10　病群扣王

图3-11　紧脾后的蜂脾状况，达到蜂多于脾

（4）对重病群，应采取"换箱、换脾、换王"的"三换"措施，实行综合防治。抖蜂提出所有病脾后要立即深埋或烧毁，换下的蜂箱、隔板、覆布等蜂具要严格消毒后再使用（图3-12至图3-14）。如果蜂场规模小，没有健康子脾更换，可将病群的巢脾抽出后，用84消毒液或中草药药液浸泡2小时，然后在摇蜜机中摇出药水和虫尸，用清水漂洗干净，甩干后再还回蜂群。

图3-12　深埋病情严重的子脾

图3-13　烧毁从病群中撤出的巢脾

图3-14　病蜂换箱后，对病群使用过的蜂箱进行火焰消毒

（5）采用药物治疗：

①对中囊病应采取抗病毒治疗，不应使用抗生素。主要药物有抗病毒862、盐酸金刚烷胺粉以及其他市售抗中囊病的药物，按说明使用。

②推荐的中草药药方有以下两种，可任选其一。

方一：华千金藤50克，复合维生素10片。加适量水煎煮华千金藤，煮开后文火熬煮15分钟，滤液按1∶1的比例加入白糖制成糖浆，最后加入复合维生素，混匀后可喂蜂20～40框。隔天1次，连喂3～5次为一个疗程。

方二：贯众、金银花各50克，甘草10克。加水1 000毫升，煎熬浓缩至250毫升，去渣后加50%的糖浆或蜂蜜500克，即可治蜂10～15框。隔天1次，连喂3～5次为一个疗程。

③在上述药物中还可添加1粒病毒灵、1粒扑尔敏（10脾蜂用量）单用药水喷或混合糖浆喂，隔天1次，4～5次为一个疗程。

二、欧洲幼虫腐臭病

（一）病原

欧洲幼虫腐臭病（简称欧腐病）的主要致病菌是蜂房链球菌（图3-15），此外，在死亡幼虫的尸体中，也发现了其他细菌，如蜂房芽孢杆菌、蜜蜂链球菌、蜂房杆菌。故一些学者认为，欧洲幼虫腐臭病是多种微生物综合作用的结果。

（二）症状

1.幼虫死亡时期　幼虫通常在1～2日龄时感染此病，3～4日龄死亡。所有死亡幼虫多发生在封盖之前，即大部分幼虫在巢房底部盘曲（呈C形）时死亡（图3-16）。

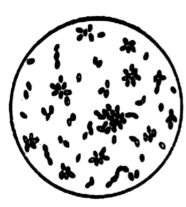

图3-15　蜂房链球菌

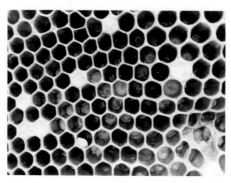

图3-16 幼虫在巢房底部盘曲死亡

2.特征性症状

（1）死亡幼虫身体发瘪呈苍白色，而正常幼虫的身体饱满，有珍珠般光泽。病情严重时，死亡幼虫多，来不及清理的死亡幼虫会逐渐变成浅黄色，再转为黑褐色，最终尸体呈溶解性腐烂。用镊子挑取幼虫尸体时无黏性，不能拉成细丝。

（2）幼虫死亡之后，工蜂将其从巢房拖出，然后蜂王会在巢房内产卵，继续孵化幼虫，如此便会形成空房、卵、幼虫、封盖子相间的插花子脾。这种插花子脾的特点是封盖子很少。由于大量幼虫死亡，封盖子少，没有新蜂出房，巢脾只见卵、虫，极少数封盖子（图3-17），长期见子不见蜂，导致蜂群群势下降。

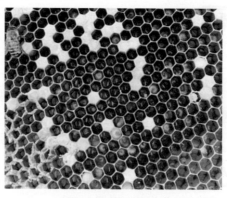

图3-17 插花子脾

（三）发病特点

欧腐病除冬季外，全年均可发生，但以春秋两季较严重。

（四）防治要点

同中囊病一样，除提前预防，保持饲料充足，做到蜂脾相称外，还应做到以下几点：

（1）开箱检查子脾时要注意幼虫是否健康，患欧腐病的多是小幼虫，易被工蜂清理，所以不易发现死幼虫，如发现有插花子脾、封盖子稀少的现象，一旦出现死幼虫，要立即用药治疗。发病严重、死幼蜂时，还要采取扣王断子的措施。

（2）药物治疗采用抗生素，每框蜂使用200毫克土霉素加50%的糖浆（1∶1的白糖溶液）饲喂，每隔2天饲喂1次，连喂3～4次为一疗程；也可将土霉素片（弱群1片，强群2片）合并捣碎，溶于水中，斜着朝蜂脾喷雾（图3-18），2～3天喷雾1次，2次为一疗程。另外，也可用烂子康、保幼康等治疗烂子病的药物，参考说明使用。

只要判断准确，患欧腐病的病群在使用土霉素后会很快康复。

图3-18 喷雾治疗发病巢脾

（3）定期从距离较远的蜂场交换或购入蜂种，避免近亲繁殖，

增强蜂群的抗病能力。

三、蜜蜂微孢子虫病

（一）病原

蜜蜂微孢子虫病是一种常见的蜜蜂消化道传染病，由原生动物的蜜蜂孢子虫引起（图3-19）。

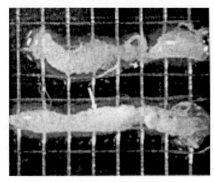

图3-19　显微镜下的孢子虫

（二）症状

1.患病初期　工蜂飞翔能力减弱，行动迟缓，偶见下痢，蜂群逐渐削弱。

2.患病后期　工蜂失去飞翔能力，常爬在巢脾框梁上，或在巢门前无力爬行。患病蜂腹部变黑，用镊子拉出整个消化道会发现中肠灰白色，环纹不明显，失去弹性。

（三）发病特点

蜜蜂微孢子虫病的发生与温度及蜜源关系密切，发病有明显的季节变化，发病高峰期在春季。

（四）防治要点

1.蜂具消毒　参见本章第一节蜜蜂病敌害的综合预防。

2.药物治疗　每1.0千克糖浆中加入柠檬酸或米醋3～4毫升，每隔3～4天喂1次，连喂4～5次。

第三节 中蜂常见敌害及其防治技术

一、大蜡螟

（一）危害

大蜡螟（俗称巢虫、绵虫）幼虫以蜂巢为食。大蜡螟虫卵孵化为小幼虫后，即从孵化处经蜂箱壁爬行至上框梁，潜入巢脾夹层中生活，并吐丝作隧道。巢虫在巢脾中活动、蛀食巢脾时（图3-20），会破坏巢房的完整性，使封盖蛹死亡。工蜂在探知蜂蛹死亡后打开房盖清理死蛹（图3-21）。开盖后蛹房房檐较高，死蛹身体除复眼紫红色外，通体乳白色，即白头蛹（图3-22）。

图3-20 蚕食破坏巢脾的巢虫（大蜡螟幼虫）

图3-21 工蜂正在清理死蛹

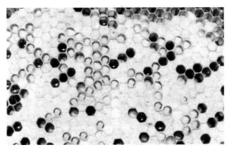

图3-22 巢虫危害造成的白头蛹

巢虫危害使蜜蜂在蛹期死亡，这一特征可与中蜂囊状幼虫病、欧洲幼虫腐臭病相区别。被巢虫危害的蜂群还有以下几个特征：

（1）箱底常有黑褐色的蜡渣和巢虫，巢脾坑洼不平，甚至有洞。

（2）巢虫危害使子脾受损，蜂蛹死亡，轻则导致群势下降，产蜜量降低；重则巢脾被毁，蜂群飞逃。

（3）巢虫除危害蜂群外，还会蛀食库存巢脾。

（二）形态特征

大蜡螟为全变态昆虫，即从卵变为幼虫，幼虫长大后化蛹，蛹羽化为成虫，雌、雄成虫交配后再产卵。如此循环往复，不断危害蜂群。

1.卵 粉红色，很小，直径约0.6毫米，卵块为单层，卵粒紧密排列。由于大蜡螟喜欢在蜂箱缝内产卵，导致卵常被挤压成不规则形状。

2.幼虫 大蜡螟虫卵初孵化的幼虫呈黄白色，长1～3毫米，呈衣鱼状（头大尾小）（图3-23），行动极其敏捷，爬行迅速。幼虫孵化后不在蜂箱底停留，即刻爬到箱内巢脾上，蛀入巢脾。幼虫9～10日龄，随着龄期增长，体长逐渐增大。成熟幼虫灰褐色，体长16～28毫米，由于受温度、饲料的影响，体长会有变化。幼虫有时还喜欢钻到巢框上框梁框槽中，并在其中化蛹（图3-24、图3-25）。

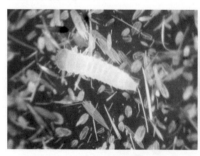

图3-23　巢虫卵初孵化的幼虫

图3-24　潜藏在巢框上框梁巢础沟中的巢虫

图3-25　巢虫在巢框的巢础沟中化蛹

3.**蛹**　幼虫有巢中化蛹的习性，幼虫化蛹前先吐丝结茧，茧呈白色，椭圆形，长16～25毫米（图3-26）。将茧剥离可见红褐色的蛹体，纺锤形，长13～20毫米。

4.**成虫**　成虫灰褐色（图3-27），雌虫体色比雄虫深，个体稍大于雄虫，并有细长的伪产卵器，以便深入缝隙内产卵。雌虫体长18～22毫米，雄虫体长16～18毫米。

图3-26　巢虫在蜂箱壁上结茧化蛹

图3-27　大蜡螟成虫（刘曼摄）

（三）防治要点

（1）每隔7～10天，定期清除蜂箱（桶）底蜡渣，消灭幼虫，杀死巢虫（图3-28）。

图3-28　用铲刀清除蜂箱底的蜡屑和巢虫

（2）中蜂喜欢新脾，而巢虫喜欢旧脾，因此应利用流蜜期起造新脾，及时替换、淘汰颜色发黑的旧巢脾和虫害脾（表面不平整的巢脾）。淘汰的旧脾不要乱放，取出后要及时化蜡，消灭潜藏在其中的大蜡螟幼虫。若巢脾尚新，还可利用，可将巢脾放于冰柜中冷冻1～2天，杀死大蜡螟幼虫。或者将巢脾放入空继箱中，每箱8～9张巢脾，一次可叠加3～4层（图3-29）。在最上层继箱副盖上用报纸或布盖严。然后在底箱中放一瓷盘，内撒升华硫，将一块烧红的煤或炭放于盘内（图3-30），迅速将继箱抬到底箱上，让升华硫燃烧后产生的二氧化硫气体在密闭条件下熏蒸巢脾（图3-31），隔3～4天按同样

图3-29　在继箱中排列要处理的空巢脾

方法再熏蒸1次。或者对巢脾用0.1%～0.2%的康宽（氯虫苯甲酰胺）溶液喷雾。处理过的巢脾应留在密闭的继箱内，置于干燥处保存备用。

（3）对于巢虫危害严重的蜂群，应将蜂群中白头蛹多的巢脾，分别疏散到其他健康群中作边脾（每群1框），待其中健康蜂蛹羽化出蜂后，提出被害巢脾淘汰化蜡。为防被害蜂群势下降，应自健康蜂群中提取子脾补给被害蜂群。

图3-30　在底箱中放容器及烧红的炭，并撒升华硫　　　　图3-31　迅速将装有空巢脾的继箱放到底箱上，蜂箱顶部应密闭

（4）将巢虫清木片（可网购）放在箱内巢门处，弱群1片，强群2片，2个月更换1次。也可在4—10月巢虫高发期，将康宽稀释5 000倍（用青霉素皮试针抽取0.1毫升康宽原液，配500毫升水），每隔半个月用康宽稀释液对准巢脾及蜂箱四面箱角、箱缝喷药1次。

（5）加强蜂群管理，随时保持蜂脾相称或蜂多于脾。安置蜂群的地方，应尽量避免日晒。夏季炎热时蜂箱上应遮阴防晒，最好加浅继箱，通风散热。

二、胡蜂

（一）危害

胡蜂体大凶猛，可在野外或蜂巢前袭击蜜蜂（图3-32、图3-33）。一般于夏末初秋季节，胡蜂盘旋于蜂场上空捕食蜜蜂，或守候在巢门前捕食进出的外勤蜂，扰乱工蜂出勤。对于群势较弱的蜂群，胡蜂还能破坏巢门（图3-24），攻入蜂巢，劫掠幼蜂和蜂蛹，造成蜂群被迫弃巢飞逃。

图3-32　胡蜂正在捕食蜜蜂　　　　图3-33　胡蜂攻击蜜蜂

图3-34　胡蜂啃咬过的巢门

（二）危害蜜蜂的胡蜂种类

胡蜂种类较多，危害蜜蜂的主要种类是金环胡蜂、黑盾（黑胸）胡蜂、黄腰胡蜂等。金环胡蜂个大、凶残，危害最大。

（三）危害时期

胡蜂一般于5月后开始出现，7—9月危害最为严重。

（四）防治要点

1.捕杀胡蜂　胡蜂发生严重的时期，须有人在蜂场巡视，用自制竹篦或用小竹枝做成的扫帚拍杀胡蜂（图3-35）。

图3-35　竹篦

图3-36　巢门前安装斜坡式巢门保护罩

2.更换或加固巢门　胡蜂危害期，将普通巢门换成圆孔巢门，或在巢门前安装用1厘米×1厘米的过塑金属网编成的斜坡式巢门保护罩，防止胡蜂侵入蜂箱（图3-36）。或者用3厘米×3厘米的木条钉在巢门上方的蜂箱外壁上，木条与巢门踏板的距离为8毫米(舌形巢门需要拆除)，均能防止胡蜂入巢为害。

3.涂药归巢　用铁签穿蚂蚱或新鲜牛肉、猪肉，让胡蜂取食。在胡蜂专注取食时，趁其不备，用毛笔蘸取呋喃丹等药物，涂在胡蜂胸背部，让其带毒归巢，毒杀巢内其他胡蜂。

4.放蜂探穴，捣毁老巢　用铁签穿蚂蚱或肉片，让胡蜂取食。事先在细线的一端拴一张白色纸条或一撮白色禽毛，另一端做成活套，待胡蜂专心取食时，将活套拴在其胸腹部之间，待其带食起飞后，用20倍望远镜观察其去向。然后用相同方法，在胡蜂消失处，再放飞一只带标志的胡蜂，直到找到其巢穴为止。

一般金环胡蜂巢穴多在土洞中，其他胡蜂多在树上筑巢。找到胡蜂巢穴后，穿消防专用防护服，用杀虫剂对准巢穴喷雾，待大部分胡蜂成虫中毒，即可将巢摘下或挖出，另行处理。采取这种方法消灭胡蜂，一定要做好自身防护，以免发生意外（图3-37）。

图3-37　探查蜂巢是否有胡蜂侵扰时，必须穿全套消防服

三、蚂蚁

（一）危害

蚂蚁的种类很多，常在多雨潮湿季节迁入蜂箱或副盖上、箱底下营巢。一般情况下，蚂蚁不主动攻击蜂群，但蚂蚁对蜂箱的入侵增加了工蜂驱逐蚂蚁的工作，干扰了蜂群的正常生活。当蜂群患病、群势极度衰弱、蜂少于脾时，蚂蚁也会乘机在巢脾上拖尸盗蜜。其中危害最严重的是南美红火蚁。

南美红火蚁是近10多年来新近传入我国的外来物种，现已扩散到广西、浙江、江西、湖南、海南、香港、澳门、台湾、福建、重庆、四川、云南、贵州等地区。广东是发生程度最严重和分布范围最广的省份。和其他蚂蚁不同，南美红火蚁十分凶悍，会侵入蜂箱主动攻击蜜蜂。蜜蜂被咬后，在箱底翻滚，然后被南美红火蚁肢解、吞食，巢脾上受惊吓的工蜂不敢到箱底，飞出箱外的工蜂在巢门前乱飞，不敢返巢，蜂群混乱不堪。

（二）形态特征

南美红火蚁体长2.5～4毫米，呈棕色或橘红色，兵蚁头部略呈方形，腹柄节（蚂蚁腹部前段）具有较为暴露的两节，第一节呈扁椎状，第二节呈圆柱状（图3-38）。红火蚁在地面形成隆起的土堆状蚁丘，内部呈现蜂窝状（图3-39），而一般蚂蚁的巢穴不会隆起。红火蚁食性很杂，除了吃植物根系、种子、嫩茎外，还能捕食昆虫、青蛙、鸟类及小型哺乳动物，造成家畜死亡，破坏电线、电缆，甚至还会直接攻击人类。红火蚁攻击性强，人们被其叮咬后，被叮咬部位会产生红肿、红斑，出现痛痒及发热，伤口会引起二次感染。体质过敏者甚至会休克。因此应引起高度重视。

图3-38　红火蚁　　　　　　　图3-39　红火蚁巢穴内部

（三）防治要点

1.对一般蚁类的防治

（1）用木桩、竹桩、水泥砖将蜂箱架高，离地40厘米。桩顶倒扣一只透明塑料杯，杯壁涂凡士林及灭蚁药物，以阻止蚂蚁进箱（图3-40）。

（2）如蜂场附近或场地内有蚁穴，可先用木桩扩大蚁穴洞口，再用开水浇灌，或对蚁穴灌入汽油焚烧蚁穴，或将灭蚁药物直接

图3-40 倒扣塑料杯的水泥桩

撒入蚁穴内。

（3）雨季到来时，蜂箱覆布上常会有蚂蚁筑巢。这时可点燃干草或废报纸，将覆布、副盖上的蚂蚁抖入火中烧死。蜂箱边剩余的蚂蚁，再用点燃的干草或废报纸将其烫死（图3-41、图3-42）。对进入蜂箱内的蚁群，可先将箱内蜂群转入其他蜂箱，再用火将蚁群消灭。

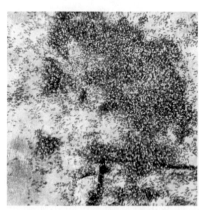 

图3-41 蜂箱覆布上的蚂蚁　　　图3-42 点燃废报纸烧死蚂蚁

2.对南美红火蚁的防治　南美红火蚁性凶猛、危害大、易扩散，是国家重点防疫对象，因此要按国家有关规定，谨慎处理。

原来没有南美红火蚁的地区，一旦发现，应向当地农业、林业和防疫部门报告。

防治红火蚁推荐药剂多为低毒的卫生用药，不要购买普通高毒农药防治，否则不但不能根除南美红火蚁，还会导致其分巢、扩散，由一个蚁巢变为多个。

诱杀南美红火蚁最好将饵剂与粉剂结合，使用较多、效果较好的药剂为茚虫威、氟蚁腙的饵剂和高效氯氰菊酯、红蚁净粉剂。

可将毒死蜱、氟氰菊酯、阿维菌素等，配成稀释药液淋灌蚁巢，每个蚁巢用药量为 10 ~ 15 千克。

人员被南美红火蚁叮咬，应立即冲洗伤口，避免抓挠，在伤口处涂清凉油、类固醇药膏缓解。一旦出现过敏症状，如红斑、头晕发热、心跳加速、头痛等，应立即就医。

四、斯氏蜜蜂茧蜂

斯氏蜜蜂茧蜂是 20 世纪 80 年代发现的蜜蜂寄生蜂，虽然总体对蜜蜂危害不大，但近年来危害逐渐加重，因此应予以重视。

（一）危害

工蜂被斯氏蜜蜂茧蜂幼虫寄生初期无明显症状，仍可采集花蜜、酿蜜。但当斯氏蜜蜂茧蜂幼虫长大后，工蜂丧失飞翔能力，被寄生的工蜂离群，六足紧卧，腹端瘦瘪，色暗，螫针不能伸缩，伏在箱底、箱内壁及巢门前，直至死亡。

（二）形态特征

斯氏蜜蜂茧蜂为完全变态昆虫，须经历卵、幼虫、蛹、成蜂四个阶段。斯氏蜜蜂茧蜂雌蜂体长 4.33 毫米左右，体大、黄褐色。雄蜂较雌蜂体短，体色比雌蜂暗。雌蜂用针状产卵器产卵于幼蜂腹内，一蜂一粒（图 3-43）。卵孵化后，幼虫靠吸食蜜蜂体液长大（图 3-44）。老熟幼虫蛆虫形，鲜黄色，体长为 7 ~ 8 毫米，两端稍尖，体微弯（图 3-45）。幼虫老熟后从工蜂肛门爬出，蜂即死亡。幼虫在蜂箱底部或蜂箱周围地表结茧化蛹（图 3-46）。蛹长 4 毫米左右，初为浅黄色，羽化前呈黑色，眼点可见。

图3-43　寄生蜂产在工蜂腹中的卵　　图3-44　寄生在工蜂腹部的幼虫

图3-45　斯氏蜜蜂茧蜂幼虫　　图3-46　斯氏蜜蜂茧蜂结茧

（三）防治要点

（1）避免从斯氏蜜蜂茧蜂分布区引入蜂群。

（2）趁早晨至中午病蜂聚集在巢门时，用刮刀将病蜂与其体内的寄生幼虫一起压死，然后用容器收集集中烧埋。

（3）铲除蜂箱前的杂草，压死病蜂后，将病蜂尸体扫至地面，供蚂蚁、鸟类取食，或让阳光将病蜂尸体晒焦，作无害化处理。

（4）缺蜜期对病群加强饲喂，促其繁殖，提高健康工蜂的比例，恢复蜂势，逐渐减轻并控制斯氏蜜蜂茧蜂的危害。

五、蟾蜍

（一）危害

蟾蜍（俗称癞疙宝、癞蛤蟆）白天隐藏在草丛中、石块下，夜晚或雨后，常聚集在蜂箱门前，伺机捕食进出巢门的蜜蜂（图3-47）。如不及时防范，会造成蜂群减弱。但由于蟾蜍在农田中也可消灭多种害虫，所以只能驱逐，避免捕杀。

图3-47　夏季夜间在蜂箱门前捕食蜜蜂的蟾蜍

（二）形态特征

蟾蜍皮肤粗糙，背部长满大小不等的疙瘩（即皮脂腺），其中最大的一对疙瘩位于头部鼓膜上方的耳后腺，这些腺体可分泌白色毒液。

（三）防治要点

（1）除草清场，不让蟾蜍有藏身之地。

（2）支起蜂箱，离地30 ～ 50厘米，使蟾蜍捕捉不到蜜蜂。

（3）夜间巡视蜂场，人工捕捉蟾蜍，并将其运到离蜂场1千米处放生。

第四节 蜜蜂农药中毒

一、农药中毒概念

蜜蜂因采集喷施过杀虫药剂的蜜粉源植物，或由于其他原因使蜜蜂接触了杀虫药剂，药剂通过消化系统、呼吸系统或体表深入蜜蜂体内，使蜜蜂产生中毒现象。

二、农药中毒症状

在采集时接触到杀虫剂的蜜蜂，可能在回巢途中就会死亡，在田间、果园、道路和蜂箱附近，都会发现死蜂。

有些蜜蜂则在回巢后产生中毒症状。蜂群中毒后，变得兴奋、暴怒、蜇人。大批成年蜂出现肢体麻痹、失去平衡、无法飞翔，在箱门前或地面打转，或颤抖爬行。中毒死蜂多呈伸吻、张翅、钩腹状，有时回巢的死蜂还带有花粉团。严重时，短时间内在蜂箱前或蜂箱内可见大量死蜂（图3-48），且全场蜂群都有类似症状，群势越强，死蜂越多。开箱后可见脾上蜜蜂体弱无力、堕落。此后外勤蜂明显减少。

图3-48 因农药中毒死亡的蜜蜂（李举怀摄）

蜜蜂幼虫食用带毒的花蜜、花粉后也会中毒，严重时会发生剧烈抽搐翻滚出巢房（俗称跳子）；有的幼虫中毒后在不同发育期死亡，即使部分能羽化成蜂，出房后也会成为残翅蜂，体重减轻，寿命缩短。蜂群因成年蜂、幼虫大量死亡，群势下降，甚至全群覆亡。

三、预防要点

一旦发生农药中毒，造成的损失很难挽回，关键在于早做预防，尽量避免发生农药中毒现象。

1.协调用药　养蜂员应仔细了解放蜂当地农田、果蔬用药的时间、种类和习惯，积极与当地植物保护部门和种植户协调，尽量做到花期不喷农药。若必须在花期喷农药的，应尽量在清晨或傍晚喷施，以减少对蜜蜂直接毒杀，并尽量采用对蜜蜂低毒和残效期短的农药。

2.隔离蜂群　蜂场应尽量安排在不打农药或少打农药的场地，在习惯施药的蜜源场地放蜂，蜂场应安置在距离蜜源场地300米以外，并安置于上风口处。

养蜂户应争取与种植户协商，在用农药前3天做好预防措施。若大面积喷施对蜜蜂高毒的农药，应及时将蜂群搬到2千米以外的地方回避3～5天。如蜂群一时无法搬走，应关闭蜂群巢门，遮盖蜂箱。此期间，应注意对蜂群通风、遮光、喂水，一般可关闭1～3天。

3.密集群势　定地饲养的蜂群，无法回避农药施用期，因此难免会受到农药的干扰，群势下降，并影响后期蜂群的正常繁殖。因此，在农药施用期，应对蜂群采取缩脾紧脾的办法，保证蜂群在中毒后，仍能正常繁殖，安全度过农药施用期。

4.急救措施　对于轻微中毒的蜂群，立即饲喂稀薄糖浆（1：1）或甘草水糖浆进行解毒（配方：甘草、金银花各20克，绿豆50克，加水煎熬，趁热过滤，滤液中加蜂蜜25克或白糖50克，搅拌均匀，喂蜂或喷脾，喷脾时不加糖）；如果幼虫和哺育蜂中毒较重，则需要尽快撤离施药区，同时清除蜂箱中有毒饲料，将被农药污染的巢脾放入2%的苏打水中浸泡12小时，用清水冲洗干净，晾干后再饲喂稀薄糖浆（1：1）。在能够查清农药种类的基础上，也可通过解毒药物（如解磷定等）进行解毒。

Chapter 4

第四章　蜜粉源植物 >>

第一节　蜜粉源植物简介

　　蜜源植物是指具有蜜腺且能分泌甜液并被蜜蜂采集酿造成蜂蜜的植物（吴杰，2012）。粉源植物是指能产生较多花粉，并为蜜蜂采集利用的植物（董霞，2010）。蜜粉源植物是指既能分泌花蜜又能产生花粉供蜜蜂采集利用的植物。广义上，常把蜜源植物和粉源植物统称为蜜源植物。蜜粉源植物是养蜂生产的前提和基础，是决定蜂产品性状与品质的关键因素，也是养蜂生产规划和管理措施的依据，没有蜜粉源植物就没有养蜂业。

　　我国疆域辽阔，各地气候条件差异大，生态条件多样，蜜粉源植物资源丰富。据调查统计，我国蜜粉源植物达万种以上，其中，能够被中蜂利用并生产单花蜜的植物有20余种，能作为中蜂辅助蜜源的植物有130余种。我国东北地区的主要蜜源以椴树、向日葵为主；华北地区以枣树、荆条为主；黄土高原地区以春油菜、荞麦、香薷属植物为主；华南地区以荔枝、龙眼和油菜为主；长江中下游地区以油菜为主；西南山区以油菜、枧、乌桕和香薷属植物为主。此外，随着土地利用方式的改变，农业产业结构的调整，以及各类生态保护政策的实施，我国蜜源植物在结构、种类与分布上，均在发生变化。例如，油菜的种植面积大幅度减小，果树、药材等经济作物面积增加，这一系列变化，也直接影响中蜂业的发展。

第二节　蜜粉源植物类型

一、主要蜜源植物

我国能被蜜蜂利用并生产蜂蜜的植物有上千种，本书仅对能被中蜂利用并生产商品蜜的15种主要蜜源植物进行介绍，以开花时间为序，依次介绍蜜源植物的开花泌蜜特性、分布区域和商品蜜特征。

（一）油菜

油菜，属十字花科一年生草本植物（图4-1），号称铁杆蜜源，全国栽培面积约560万公顷，分布区域广，以四川盆地和长江流域栽培面积最盛，以东北地区的吉林分布最少。油菜品种多，按照开花季节分为春油菜和夏油菜。春油菜开花期一般为12月至翌年5月，大部分地区油菜开花季节为2—3月。夏油菜主要分布在东北、西北和青藏高原，6—7月开花。油菜花蜜易结晶，蜜初期呈浅琥珀色，结晶后呈白色，结晶颗粒细腻，具浓郁油菜花香，放置一段时间后气味减弱。

图4-1　油菜

（二）荔枝

荔枝又称大荔（图4-2），属无患子科乔木果树，树冠大，花朵数量多，花期长，泌蜜量大，是重要的春季蜜源。全国栽培面积约有6.7万公顷，主要分布在广东、广西、福建、台湾四个省份，四川、云南与贵州低热河谷地带也有分布。荔枝花期因品种

和地域稍有差异，两广地区2—4月开花，福建地区3—5月开花，花期30天左右。荔枝蜜多粉少，蜜呈浅琥珀色，易结晶，结晶颗粒细，呈白色，具浓郁荔枝花香，为上等蜂蜜。

图4-2　荔枝

（三）龙眼

龙眼属无患子科常绿乔木（图4-3），3月中旬至6月上旬开花，是春季主要蜜源。龙眼主要分布在南方沿海省区，如广东、广西、福建、海南和台湾，此外云南、贵州、四川低热地带也有少量分布。龙眼蜜多粉少，泌蜜以上午最多，下午渐少，高温高湿天气

图4-3　龙眼

泌蜜最盛。龙眼蜜呈琥珀色，气味香甜，具浓郁桂圆味，结晶颗粒较粗，为上等蜂蜜。

（四）蓝莓

蓝莓又称越橘、蓝浆果（图4-4），属杜鹃花科多年生浆果类灌木，3月上旬至4月上旬开花，主要分布在东北与西南这两个地区。因气候条件、果树品种、栽培管理措施等差异，分布于贵州的蓝莓泌蜜较好，蜜蜂喜上花。目前，贵州全省蓝莓栽培面积约1万公顷，集中分布在黔东南州麻江县和黄平县，是一种优质的春季蜜源。蓝莓蜜呈浅琥珀色，结晶颗粒细腻，结晶后呈白色，具清淡花香，味芳香、略酸。

图4-4 蓝莓

（五）紫云英

紫云英又称红花草、燕子草（图4-5），属一年或两年生草本

图4-5 紫云英

植物，主要分布在海南、台湾及长江以南各省，2月上旬至4月下旬开花，通常作为果园、稻田的绿肥种植，是春季的主要蜜源。紫云英花期35～40天，蜜质优良，呈浅琥珀色，味清香，甜而不腻，结晶细腻，为蜜中上品。

（六）乌桕

乌桕又称桊子树（图4-6），属大戟科落叶乔木，广泛分布于我国南方及长江流域各省，有些地方还分布有野生的山乌桕。5月下旬至7月中旬开花，花期30天，流蜜20～25天。乌桕蜜呈浅琥珀色，甘甜适口，香味较浓，结晶暗黄色，颗粒细。

图4-6　乌桕

（七）荆条

荆条属马鞭草科落叶小灌木（图4-7），多生于山谷、溪边、山坡草丛或灌木林中，6—8月开花，蜜粉丰富，是夏季主要蜜源植物。荆条在全国各地均有分布，以河北山地、山西东南山区、太行山、河南山地丘陵、陕西黄土高原、安徽山区、沂蒙山区分布较集中，

图4-7　荆条

此外，在云南、四川、贵州也有分布。荆条花期30～45天，流蜜20～25天。荆条蜜呈浅琥珀色，气味清香，结晶较为细腻。

（八）紫椴

紫椴属椴树科落叶乔木（图4-8），6月下旬至7月中旬开花，是优良的夏季蜜源植物，主要分布在我国东北林区。椴树科植物多为优良的蜜源植物，如糠椴、华椴、蒙椴等，其花期交错，可延至25～30天。紫椴容蜂量大，泌蜜涌，平均每群蜂可取蜜20～40千克。椴树蜜呈水白色至琥珀色，结晶细腻，呈膏状，味香甜浓郁，蜜质好。

图4-8 紫椴

（九）紫苜蓿

紫苜蓿属蝶形花科多年生草本植物（图4-9），6—7月开花，

图4-9 紫苜蓿

图4-10 盐肤木

泌蜜丰富，养蜂价值大。紫苜蓿广泛分布于全国各省，陕西、新疆、山西、甘肃、河北、内蒙古等地有成片集中分布，在四川、云南等省份也有分布。紫苜蓿花期60～70天，紫苜蓿蜜为浅琥珀色，质地浓稠，气味清香，结晶洁白细腻。

（十）盐肤木

盐肤木又称五倍子（图4-10），属漆树科灌木或小乔木，8—9月开花，蜜粉丰富，是秋季的重要蜜源植物。盐肤木适应性强，常生长于阳光充足的山坡疏林、灌丛和荒地，除新疆、青海等少数地区外，其他各省均有分布。盐肤木蜜（五倍子蜜）呈琥珀色，有浓郁花香味，结晶颗粒粗，味微苦。

（十一）香薷

香薷又称野藿香、野紫苏（图4-11），属唇形科一年生草本植物，在北方9—10月开花，南方10—11月开花，在云南、贵州9—11月开花，除新疆、青海外，分布遍及各地，是云贵山区秋冬季的主要蜜源植物。花期20～30天，蜜粉丰富，蜜呈浅琥珀色，结晶颗粒较细，芳香。

（十二）野坝子

野坝子属唇形科多年生灌木状

图4-11 香薷（杨志银摄）

草本植物（图4-12），10—12月开花，主要分布于云南、四川和贵州，是西南山区秋冬季的主要蜜源植物。花期40天，蜜多粉少。野坝子蜜呈浅琥珀色或琥珀色，气味清香，甜而不腻，结晶洁白细腻，质地较硬，又称硬蜜。

图4-12 野坝子

（十三）鸭脚木

鸭脚木又称鹅掌柴（图4-13），属五加科常绿灌木或乔木，10—12月开花，是中蜂重要的冬季蜜源，主要分布于我国东南沿海，如福建、广东和广西。鸭脚木花期25天，泌蜜多，蜜呈浅琥珀色，结晶白色，颗粒细，味微苦。

图4-13 鸭脚木

图4-14　柃

图4-15　枇杷

（十四）柃

柃又称野桂花（图4-14），属山茶科常绿灌木或小乔木，10月至翌年3月开花，是中蜂冬季的主要蜜源。柃属植物种类繁多，数量大，主要分布于长江以南的低海拔丘陵和山区，江西的萍乡、宜春，湖南平江、浏阳，湖北崇阳等地是我国野桂花蜜的重要产区，此外，贵州南部、福建、广东、广西山区也有分布。野桂花花期10～15天，品种交错，花期可长达4个月，花量多，泌蜜多。野桂花蜜芳香馥郁，结晶洁白，享有"蜜中之王"的美誉。

（十五）枇杷

枇杷属蔷薇科常绿小乔木（图4-15），10月至翌年1月开花，是中蜂的重要冬季蜜源，浙江、江苏、福建、四川栽培面积较大。枇杷花期30天，蜜多粉少。枇杷蜜呈浅琥珀色，具花香味，味甜润，结晶洁白，颗粒细，为蜜中上品。

除以上15种植物外，党参、酸枣、荞麦、草木樨、漆树、野菊花、山葡萄等也是中蜂生产的重要蜜源。

二、主要辅助蜜源植物

凡数量较多，分泌花蜜，产生花粉，能被蜜蜂采集利用的植物，统称为辅助蜜源植物或辅助蜜粉源植物。辅助蜜源植物可以是栽培种，也可以是野生种。我国辅助蜜源植物有上万种，本书主要介绍被中蜂采集利用的8种辅助蜜源植物。

（一）柑橘

柑橘属芸香科常绿灌木或乔木（图4-16），3—5月开花，是我国南方重要的栽培果树。柑橘花期15～20天，但泌蜜期仅有10天。柑橘花粉呈黄色，蜜蜂传粉可提高其产量1～3倍。

图4-16　柑橘

（二）板栗、茅栗

板栗和茅栗属壳斗科落叶小乔木（图4-17），分布于长江以南各省及河南、山西和陕西，贵州南部地区4—5月开花，花期15天，数量多，分布广，蜜粉多，对蜂群繁殖、修脾和生产蜂蜜有重要价值。板栗、茅栗以及同期开花的椎栗蜜色深，气味重，稍苦。

（三）杜鹃属

杜鹃属植物为常绿或落叶灌木（图4-18），2—5月开花，除

图4-17　茅栗

新疆外，西南各省均有分布。杜鹃花花色艳丽，种类繁多，是西南山区春季的主要山花蜜源，蜜呈浅琥珀色，结晶洁白，具清香味。

图4-18　白杜鹃

（四）佛甲草

佛甲草属景天科多年生肉质草本植物（图4-19），耐旱、耐瘠薄，多生长于阴湿处、石缝间，4—6月开花，是重要的绿化植物，广泛分布于南方各地。在贵州佛甲草是一种重要的石漠化治理植

图4-19　佛甲草

物。佛甲草中的金叶佛甲也是一种优良蜜源植物，4月上旬开花，蜜粉丰富，花期长，蜜蜂喜采，有利于蜂群繁殖。

（五）楤木

楤木又称刺包头（图4-20），属五加科落叶灌木或乔木，茎有刺，4—6月开花，多生长于灌丛、山坡、林缘，广泛分布于东北、华北、华中、华南和西南等地。云贵地区将楤木作为蔬菜栽培，在贵州西南地区，育有楤木基地，同期开花的植物还有香椿，两者均为西南地区的春季特色蔬菜，也是较好的辅助蜜源。

（六）苕子

苕子属蝶形花科一年生或两年生草本植物（图4-21），4—7月开花，是优良的绿肥作物，全国许多地区都有种植，是西南山区的重要辅助蜜源。对于集中种植的地区，苕子可产商品蜜，栽培面积较大的地区有江苏北部、安徽北部、山东南部、河南东部。苕子在南方4—6月开花，北方6—7月开花，花期30天，整天流蜜，以午后为多。苕子蜜为浅琥珀色，质地浓稠，气味清香，结晶洁白。

图4-20　楤木

图4-21　苕子

（七）白三叶草

白三叶草又称车轴草（图4-22），属蝶形花科多年生草本植

图4-22 白三叶草

图4-23 柿树

物，5—7月开花，是夏季的主要辅助蜜源，多作为果园套种植物或城市草坪绿化植物。野生的白三叶草以贵州面积最大，其中以西部的威宁、赫章一带最多，此外，云南、四川、新疆、湖北等省区也有分布。白三叶草在南方5—6月开花，在北方6—7月开花，群体花期可达60～80天。白三叶草蜜为浅琥珀色，气味清香，结晶洁白，新蜜有明显豆香素味，存放久后气味渐消。

（八）柿树

柿树属柿树科落叶乔木（图4-23），是夏季主要辅助蜜源植物，3—5月开花，全国有近20个地区栽培柿树，以河北、陕西、山西、河南和山东居多且集中。柿树在广东3月上旬开花，在河南、山东和陕西5月上中旬开花，花期短，泌蜜涌。柿树蜜为浅琥珀色，质地浓稠，结晶乳白，甘甜芳香。

三、主要粉源植物

凡数量较多，花粉丰富，蜜蜂喜采集，对养蜂生产和蜜蜂生活有重要价值的植物统称为粉源植物。

主要粉源植物有蚕豆、木豆、豌豆、田菁、老虎刺、萝卜、芝麻菜、黄瓜、南瓜、蒲公英、野菊、榆树、柳树、地锦槭（色树）、桃、苹果、梨树、山楂、板栗、玉米、飞龙血掌（牛丹子或见血飞）、椰子、茶。

主要辅助粉源植物有马尾松、樟子松、杉木、侧柏、草麻黄、小叶杨、杨梅、白桦、辽东栎木、鹅耳枥、榛、锥栗、小红栲、海南栲、竹叶栎、麻栎、构树、葎草、桑树、红叶树、秋茄树、拐枣、火棘、毛樱桃、山刺玫、黄刺玫、栽秧泡、悬构子、覆盆子、大乌泡、黄泡、茅莓、川莓、珍珠莓等。

四、补充种植的蜜粉源植物

蜂业是一项资源依赖性产业，蜜粉源主要由蜂场周围的植物提供，但在实际生产中，也有必要种植一些，以补充蜜粉源不足，同时美化蜂场，促进蜂产品的宣传和销售。表4-1为推荐种植的既是景观又是蜜粉源的植物。

表4-1　补充种植的蜜粉源植物推荐

植物名称	蜜粉源价值	花期	景观价值	适种地点
油菜	春、夏季重要蜜源，花期长，蜜粉丰富	2—4月 或 7月	花黄色，栽培面积大时为景观	大田
苕子	春季蜜源	4月下旬至5月上中旬	花紫红色，多用途绿化植物	蜂场空地、大田、果园
紫云英	春季蜜源	4月下旬至5月上旬	绿化植物	稻田
柿	春季蜜源	4月	观果，秋季金果挂枝	房屋及蜂场附近
佛甲草	花期长，泌蜜量大	4月上旬至5月上旬	园林与庭院规划常用的多肉植物	屋顶、庭院、荒山、石漠化地区
洋槐	夏初蜜源	4月下旬至5月上中旬	花白色，有香味，面积大时如香波雪浪	荒山、荒坡

（续）

植物名称	蜜粉源价值	花期	景观价值	适种地点
羊角莲	泌蜜量大	5—6月	又称十大功劳，药用景观植物	沟边、田边及林下
拐枣	夏季主要补充蜜源，流蜜量大	6月	花白色；果异形	荒山、荒地，田边地角
头花蓼	花期长，泌蜜量大	6—8月	呈白色、浅粉色、紫色或红色，也是绿化植物	大田、荒山、庭院、屋顶
苦丁茶	夏季蜜源	6月	观花、观叶，花多而繁，白色，有香味	蜂场、房屋的绿篱或单独栽培
漆树	夏季重要蜜源	6—7月	树形、叶形优雅	荒山、荒坡
荆条	夏季优良蜜源	6—7月	叶秀丽，花清雅	荒坡、荒山，亦可作绿篱及石漠化地面覆盖物
金银女贞	夏季蜜源	6—7月	嫩叶黄，老叶绿	可作绿篱
乌桕	夏季主要补充蜜源，流蜜量较大	6月至7月上中旬	入秋后叶由绿转黄，渐变红	荒山、荒地、田边地角
荞麦	夏、秋季蜜源	6—9月	花红白色	大田、山坡
一串红	夏、秋季蜜源	6—11月	花红色	蜂场内空地或房屋周围
南瓜	夏季蜜源	6—7月	花黄色	田土套种
多花勾儿茶	夏季补充蜜源	7—8月	藤本，绿叶期长，花多、色白	荒坡、荒山及树林间，亦可作绿篱及石漠化地面覆盖物
乌敛莓	秋季蜜源	7—9月	藤本，绿叶期、开花期长	可作绿篱或石漠化地区地面覆盖植物

（续）

植物名称	蜜粉源价值	花期	景观价值	适种地点
川莓	秋季蜜源	8—9月	落叶灌木，花紫红色	荒坡、田边
野藿香	秋季蜜源	8—9月	草木，花二唇形	田边地角，玉米地
盐肤木	秋季重要蜜粉源	8月下旬至9月上旬	秋季叶黄，可观叶	荒山、荒地，田边地角
头花蓼	秋季蜜源	9—10月	地面覆盖度好，开花时一片紫红色	大田、果园
千里光	我国南方秋季蜜源	10月至翌年2月	丛生状藤本，花多黄色，开花期长，形成我国南方重要的秋季景观	田边地角，二荒地

五、有毒蜜粉源植物

凡蜜蜂能够采集，但其花粉或花蜜对蜜蜂或人有毒的植物统称为有毒蜜粉源植物，广义上也称为有毒蜜源植物。即能使蜜蜂幼虫或成年蜜蜂发病或死亡的蜜粉源植物，或者植物对蜜蜂本身无毒，但人食用蜜蜂所采集的这些植物花粉、花蜜后，会产生不适症状，甚至导致死亡的植物，统称为有毒蜜源植物。

一般而言，有毒蜜源植物是有毒植物的一部分，但有毒植物并不等于有毒蜜源植物，如漆树、橡胶等是有毒植物，但这些植物并不是有毒蜜源植物，而是重要的蜜源植物。判断有毒蜜源植物的原则是植物花蜜或花粉对人或蜜蜂是否有毒。我国主要有毒蜜粉源植物有博落回、雷公藤、昆明山海棠、钩吻、南烛、油茶等40余种，本书仅介绍常见的几种。

（一）博落回

博落回又称野罂粟、号筒杆、山号筒、通天窍、黄薄荷（图4-24）。多年生大型草本植物，茎可高达2米，花期6—8月，喜生长于温湿的山林、灌丛间。主要分布于我国长江以南、南岭以北的大部分地区。博落回花蜜和花粉有毒，对人和蜜蜂都有剧毒。人轻度中毒表现为口渴、头晕、恶心、呕吐、胃烧灼及四肢麻木；重度中毒表现为昏迷、精神异常、心律失常，甚至死亡。

图4-24　博落回

（二）雷公藤

雷公藤又称黄蜡藤、菜虫药、苦树皮、断肠藤（图4-25）。落叶藤本灌木，高可达9米，花期6—8月，喜生长于背阴的山坡、灌木丛。分布于我国台湾、福建、江苏、浙江、安徽、湖南、湖北、广西、云南、贵州等地。雷公藤有剧毒，对蜜蜂无毒，但蜜蜂生产的雷公藤蜜对人有毒。雷公藤蜜呈深琥珀色，味苦涩，人食用后表现为剧烈腹痛、血便、休克及呼吸衰竭等中毒症状。

图4-25　雷公藤

（三）昆明山海棠

昆明山海棠又称火把花、紫金皮（图4-26）。攀缘性灌木，花期5—8月，常生长于山坡向阳面的灌木丛、林地。分布于我国浙江、湖南、江西、四川、云南、贵州等地。目前尚未发生过蜜蜂中毒现象，但对人有毒。人食用过量的昆明山海棠蜂蜜后，出现头晕、头痛、四肢发麻、精神亢进、产生幻觉、惊厥、强烈腹痛、腹泻等中毒症状，严重者可出现混合型循环衰竭而死亡。

图4-26　昆明山海棠

（四）钩吻

钩吻又称野葛、胡蔓藤、烂肠草、断肠草、大茶药（图4-27）。常绿木质藤本，花期5—11月，常生长于丘陵、疏林或灌

木丛中。分布在长江以南山区，以广东、广西、福建、台湾为主，湖南、江西、海南、贵州等地也有分布。钩吻全株有毒，人误食茎叶1～3克后会出现视物模糊、全身乏力、沉睡等症状。钩吻花粉有剧毒，人食用含有花粉的蜂蜜会发生严重中毒甚至死亡，一般服食后即刻或半小时内病发。服食量小先出现恶心、呕吐、腹胀痛等消化系统症状，服食量大可迅速出现昏迷、严重呼吸困难、呼吸肌麻痹甚至死亡。

图4-27　钩吻

（五）南烛

南烛又称乌饭树、乌饭叶、饭筒树、染菽（图4-28）。常绿乔木或灌木，花期6—7月，常生长于温暖潮湿的山坡、路边或灌木丛。分布于湖南、湖北、广东、广西、云南、贵州、四川等地。南烛对蜜蜂是否有毒目前尚不清楚，但对人有毒，中毒症状为呕吐、多便、多尿、神经末梢麻痹、肌肉痉挛。

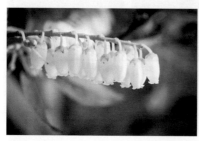

图4-28　南烛

（六）油茶

油茶又称茶子树、茶油树（图4-29、图4-30）。常绿灌木或乔木，花期10月至翌年2月，野生油茶常生长于缓坡。分布于浙江、江西、河南、湖南、广西、云南、贵州等地。油茶蜜粉丰富，对人无毒，对蜜蜂有毒。油茶花蜜中的生物碱、半乳糖等多糖类物质会引起蜜蜂中毒，出现烂子、死蜂现象。

图4-29　白花油茶

图4-30　红花油茶

（七）其他有毒蜜源植物

1.对人和蜜蜂都有毒　八角枫、乌头、白喉乌头、北乌头、拟黄花乌头、准格尔乌头、大麻、毒芹、莨菪、藜芦、大麻、曼陀罗、毛茛、密头菊蒿、喜树、羊踯躅、野罂粟、苦皮藤。

2.对人有毒，对蜜蜂无毒　白杜鹃、苍耳、杜鹃、高山杜鹃（小叶杜鹃）、夹竹桃、马桑。

3.对人有毒，对蜜蜂的毒性未知　狼毒、林地乌头、商陆、山地乌头、醉鱼草、怀槐。

4.对蜜蜂有毒，对人无毒　茶、贯叶连翘、黄花石蒜、酸枣。

六、防止采集有毒蜜源和误食有毒蜂蜜的措施

防止有毒蜜源使人、蜜蜂中毒的措施如下：

一是要摸清当地有毒蜜源的种类、开花时期，在选择场地或搬迁时，采取晚进场、早退场的迁场办法，尽量避开有毒蜜源的危害。

二是定地饲养的蜂场，在蜂场附近及人力所及的范围内，养蜂者应在有毒蜜源开花前将其清除（如博洛回、藜芦等）。

三是有毒蜜源大多分布在长江流域各省，以华南、西南为多，一般在夏季7—8月开花。当遇到干旱少雨的年份，其他蜜源开花流蜜不好，蜜蜂便会采集有毒蜜源的花蜜或花粉，酿造有毒蜂蜜，人误食有毒蜂蜜后会产生中毒现象，发病时间与中毒症状各有不同，但都有不同程度的呕吐、腹痛等消化系统病症。因此，在有毒蜜源分布数量较大的地区，尽量不要取用夏季的蜂蜜，让蜂群自然将其耗尽，到秋季正常蜜源开花时再取蜜。

四是一旦蜂群采集到对其有害的花蜜、花粉后，应及时饲喂相应的解毒剂，加强蜂群管理，以减轻蜂群损失。

参考文献

甘肃省养蜂研究所，1987.甘肃蜜源植物志[M].兰州：甘肃科学技术出版社.

国家蜂产业技术体系，2016.中国现代农业产业可持续发展战略研究[M].北京：中国农业出版社.

罗术东，吴杰，2017.主要有毒蜜粉源植物识别与分布[M].北京：化学工业出版社.

宋晓彦，2013.山西省蜜源植物花粉形态与蜂蜜孢粉学研究[M].北京：中国农业大学出版社.

吴杰，2012.蜜蜂学[M].北京：中国农业出版社.

徐万林，1992.中国蜜粉源植物[M].哈尔滨：黑龙江科学技术出版社.

徐祖荫，2011.蜂海求索[M].贵阳：贵州科技出版社.

徐祖荫，2015.中蜂饲养实战宝典[M].北京：中国农业出版社.

徐祖荫，2019.蜂海问道——中蜂饲养技术名家精讲[M].北京.中国农业出版社.

张斯媚，2016.我国油菜生产现状及发展前景分析[J].南方科技，27（20）：35.

张中印，吉挺，吴黎明，2018.高效养中蜂[M].北京：机械工业出版社.

中国养蜂学会，中国农业科学院蜜蜂研究所，黑龙江省牡丹江农业科学研究所，1991.中国蜜粉源植物及其利用[M].北京：农业出版社.

Norbert M K，1980. Seasonal Cycle of Activities in Honey Bee Colonies[M]. Beekeeping in the United States，Agriculture Handbook Number，335：30-32.